U0105447

不畏虎

——打虎般的編輯之旅

本書為國立臺灣師範大學出版實務產業實習課程成果

總策劃　賴貴三、張晏瑞
主　編　曾　韻、劉　芸
作　者　王秀羽……等著

萬卷樓

目錄

（各篇依姓氏筆畫排序）

賴序：大人虎變，其文炳也

賴貴三
國立臺灣師範大學國文學系教授兼系主任

今年（2022）歲次壬寅，正好是「福虎升豐」的敷和之紀，以及「龍虎風雲」英雄豪傑際遇逢會之時，也是筆者耳順六艓周甲、系主任任期三年半載圓成的吉旦。三年半載的主任任期期間，與萬卷樓圖書公司、國文天地雜誌社總編輯兼業務副總經理張晏瑞博士公私交誼深摯，並禮聘為本系課程委員會業界代表委員，以及兼任教授「出版實務產業實習」課程。非常認真熱情，秉持專業知能，對於本系系務、課程與學生產業實務實習，教學相長，相觀而善，殷勤奉獻心力，有目共睹，頌聲載道；而成果斐然，績效卓著，感佩在心。

本書《不畏虎——打虎般的編輯之旅》就是張博士「出版實務產業實習」課程的總體成果，並由本系選修同學曾韻與劉芸擔任主編，曾韻設計封面，收錄二十四位選修課程同學的體驗心得（國文學系同學二十二位，華語文教學系與圖文傳播學系同學各一位），敘寫繽紛，感受浹洽，猗歟盛哉！

「初生之犢不畏虎」，表徵著年輕學子初入社會、閱世不深，卻敢作敢為、無所畏懼或不知危險。《周易・乾・九五》曰：「飛龍在天，利見大人」〈文言傳〉子曰：「同聲相應，同氣相求。水流濕，火就燥，雲從龍，風從虎，聖人作而萬物覩。本乎天者親上，本乎地者親下，則各從其類也。」「雲從龍，風從虎」比喻事物之間的相互感應，深切期許同學們學成畢業之後，能如〈乾・九五〉居中當位，仁智雙彰，性命對揚，一展長才，貢獻於國家社會與世界宇宙。

美國著名哲學家、教育家、心理學家與實用主義的集大成者——約翰・杜威（John Dewey，1859-1952），大力揭櫫提倡的「做中學」（Learning by Doing），帶動美國二十世紀教學方法的革新，也指引臺灣近數十年的教育進化方向。「做中學」的內涵概括包含三大部分：一、生活經驗——杜威認為教育應該要與生活經驗相結合，才能在家庭、學校與社會情境上，發揮出教育的功效與價值。二、親身探究——藉由親自動手探究，在學習的過程之中，才能被轉化成個體的「經驗」，並進一步加深印象，從而提升學習成效。三、反省思考——在教學活動中，嘗試錯誤（錯中學）與反思原因，這是能讓個體進步的動力，如此才能訓練主動發現問題，進而解決問題與提升學習動機的關鍵。以上扼要簡述杜威關於教學「做中學」的核心原則，其實與明儒陽明先生王守仁（字伯安，1472-1529）「致良知」與「知行合一」的核心思想如出一轍，「知為行之始，行為知之成」，「知」是指內心的覺知，對事物的認識；「行」是指人的實際行為。「知」與「行」緊密相連，沒有行就沒有知，而知從行得來；只有從「做」中得來的知識，才是「真知識」。而人有四種基本的本能：製造、交際、表現與探索，這是與生俱來，無須經過學習，自然就會知曉。

準此，以觀《周易・履》卦爻辭：「履虎尾，不咥人，亨。」「初九，素履，往，无咎。」「九二，履道坦坦，幽人貞吉。」「六三，眇能視，跛能履，履虎尾，咥人凶。武人為于大君。」「九四，履虎尾，愬愬，終吉。」「九五，夬履，貞厲。」「上九，視履，考祥；其旋，元吉。」可以古今印證、中西觀照。履原是鞋子，引申為履行、體踐之義，履道首重在「敬」——態度上「如臨深淵，如履薄冰」，戒慎恐懼，不就是「履虎尾，不咥人，亨」與「履虎尾，愬愬，終吉」？本之以誠敬，自然趨吉避凶；反之，態度輕佻、苟且隨便，不自量力、自以為是，目中無人，這不就是「眇能視，跛能履，履虎尾，咥人凶。武人為于大君」？因此，做人處事應該保持純樸的初心本願，「素履，往，无咎」，進而能「履道坦坦，幽人貞吉」，胸懷磊落、前途光明，順利邁向人生的康莊大道。因此，履道最忌諱的就是自滿、高傲。九五處於最尊貴的位置，雖然沒有逾越的問題，但行事過於剛強，果斷，所以「夬履，貞厲」，也因此而召致危險。履道進入尾聲，必須回顧自己所做所為（卻顧所來徑），仔細檢驗檢討優缺點，謙虛自養，才能豐收滿載而歸（蒼蒼橫翠微），這正是〈履・上九〉「視履，考祥；其旋，元吉」而「大有慶」的美好結局。

本序聯句「大人虎變，其文炳也」，係徵引自《周易・革・九五》「大人虎變，未占有孚」之〈小象傳〉，意謂損益創制，然後「有文章之美，煥然可觀，有似虎變，其文彪炳」（〔唐〕孔穎達疏）。依照東漢許慎（字叔重，約 58-147）《說文解字》，革字原本指的是皮革，將獸皮的毛除去之後的皮，與原來的皮草有很大的改變，因此引申就是改變、改革；而〈革〉卦上兌澤、下離火，文明以說（悅），大亨以正，即表徵改革、變革與革命之義。《周易・雜卦傳》：「革去故也，鼎取新也。」〈革〉與〈鼎〉覆卦為一體兩面，〈革〉是除舊、改變與革命，〈鼎〉則是布新、繼承與創造。藉此寄興，期待同學們能「博觀而約取，厚積而薄發」（〔北宋〕蘇軾〈稼說送張琥〉）、「藏器於身，待時而動」（《周易・繫辭傳下・第五章》），進而成為社會中堅與國家棟樑的「菁英人才」（Elite）。最後，謹以這五個英文字母，嵌詞共勉，欣履勵進於學問生命之道。

E：enthusiam　熱誠（主敬存誠，誠至金開，至誠無息）

L：learning　學問（學而時習之，學而不厭，學無止境）

I：integration　整合（視域融合，體用一源，顯微無間）

T：tolerance　器度（積厚成器，大度包容，休休春容）

E：elegance　優雅（溫文儒雅，雅量高致，登大雅之堂）

賴貴三　二〇二二年七月十六日（週六）

初伏吉旦　謹序於屯仁學易咫進齋

梁序：歷盡千帆後，歸來仍少年

梁錦興
萬卷樓圖書公司總經理

萬卷樓舉辦實習活動，已經有十年的時間，即使這兩三年間，面臨新冠疫情的衝擊，萬卷樓的實習活動，也從未間斷。辦理實習活動，對我來說，已經是一種作為出版人回饋學校與社會的責任與榮譽。

我今年已經八十歲了，從學校畢業以後，進入中央銀行外匯局任職，並歷任華僑銀行，以及多所大學教職。後來，自己經營企業，曾經開過建設公司、罐頭工廠、貿易公司，是較早出口臺灣水果與金門白嶺土的貿易商。也曾經營過陶瓷工廠、企管顧問……等職務，並曾擔任文化大學董事。一九九七年，在萬卷樓董事會的邀請下，我接手了萬卷樓圖書公司與國文天地雜誌社的經營工作，迄今已經二十五年。初期，我推動簡體字書進口流程法制化，因此成為簡體字書進口聯誼會創會會長；後來，我出口臺灣圖書到海外，讓臺灣圖書走出去，因此獲選為圖書出版事業協會副理事長。回首我畢生的經歷，與做過的工作，最讓我感到自豪的，不是叱吒風雲的商場生活，而是在一片困境當中，逆勢操作，苦心經營萬卷樓的穩健與踏實。

回想，我就讀屏東中學時，與前世新大學、玄奘大學校長張凱元先生同學，我們一起創辦了校刊《屏中青年》。那時他當總編輯，我當社長；後來我當總編輯，他當社長。我們正值青春年少，不讀書，憑著自己的興趣，去體驗人生，和探索未來，就像是現在的「文青」一樣。後來，考上大學後，大家因為就讀的科系不同，各自走上不同的道路。我也就中斷了寫作、編輯的興趣。經過了商學院的訓練，在我的生涯規劃中，已經沒有出版產業這個選項。沒想到，後來竟會到萬卷樓工作。當時，在萬卷樓董事會的力邀下，我拗不過，只得應允。但二十五年過去，我發現我還是當年的「文青」，對於出版工作，充滿熱誠和興趣。天天期待著有新書的出版，有訂單的完成。這樣的心情，就像「歷盡千帆後，歸來仍少年」的感覺。

萬卷樓舉辦實習活動，從一開始十餘人，逐漸擴展至數十人。意味同學對「圖書」、「出版」這個行業，仍抱持著相當的好奇與熱忱。萬卷樓以發揚中華文化，普及文史知識，輔助國文教學為成立宗旨，以大專以上的文史哲學術書、教科書為出版方向。與學校的關係，相當密切。為了讓同學能夠在出校門之前，就具備進入出版產業的就業能力。我們很樂意，並且期盼能夠引領更多對書籍出版懷抱興趣的同學，有志一同，薪火相傳。因此，總編輯張晏瑞老師能夠應聘到臺師大開設「出版實務產業實習」課程，我很欣慰，也很支持，更歡迎同學到萬卷樓來實習。

去年因為疫情的緣故，各位到萬卷樓參與實習的形式不同。但張老師盡心盡力安排的實習工作，相信還是能夠讓同學們拓展出版產業的知識與眼界。

當張老師拿著同學們上課的心得，找我討論集結成冊出版的事情。我當下即表示贊成！我從同學們的稿件中，能看到大家從最初對出版業的懵懂、好奇，逐漸轉變為一股勇於嘗試的熱情，並且能夠借鑒萬卷樓的經驗，提出新時代出版人應該具備的觀念和想法！這就是我們舉辦實習，最希望看到的結果。

張老師請我為這本書寫〈序〉，我看到書名，有種「初生之犢不畏虎」的青春氣息。不論未來大家是否從事出版產業，我想藉此機會，祝福大家，也能跟我一樣，進入職場，歷盡千帆後，歸來仍少年。

萬卷樓圖書公司總經理　梁錦興

二〇二二年七月十五日誌於萬卷樓

張序：本書緣起

張晏瑞
國立臺灣師範大學兼任助理教授
萬卷樓圖書公司總編輯兼業務副總經理

二〇一〇年八月，我退伍後在業師慶彰先生的引薦下，承蒙梁總經理俯允，進入萬卷樓任職，迄今將屆滿十二年。在這十二年間，除了梁總的提攜之外，也受到許多師長們的照顧和支持。才能在工作之餘，進修並順利完成博士學位。過程中，承蒙師長們的提攜，獲得在學校兼課的機會。

最早，是真理大學臺灣文學系的田啟文教授，他到萬卷樓尋求合作產業實習的機會，並且尋找開設業界課程的師資。在梁總推薦下，我到真理大學兼任「圖書編輯」與「出版企劃」兩門課程。後來，在母校東吳大學中國文學系鍾正道主任的提攜下，回校兼任進修部「編輯學」與「出版實務」兩門課程。在一年多前，承蒙國立臺灣師範大學國文學系賴貴三主任的提攜，以及多位系上師長的支持下，順利通過聘任，在師大開設「出版實務產業實習」課程。師大國文學系是中文人所嚮往的教育殿堂，能夠在系上授課，至為榮幸。

在出版業界「出版實務」是我的本職工作，每天都在經手。從工作中，累積經驗，並且在授課過程中，本著學術研究的訓練基礎，搭配藍海策略、紫牛行銷、長尾效應……等理論架構；並且結合數位印刷、數位出版、網路行銷……等技術應用，建構出教學的架構與內容。其中，獲益良多的是出版前輩周浩正先生的著作，以及周先生在往來電郵中，慷慨提供的大量材料。

在「產業實習」方面，到萬卷樓任職後的第二年暑假，編輯部為了招收新進人員，我們開設了「圖書出版經營理論與實務暑期實習」，歡迎對出版產業有興趣的學生，在老師的推薦下，前來實習。第一年參加的同學只有五位，其中一位還是毛遂自薦來的。這位同學實習後，便轉為正職。第二年，我們持續舉辦實習活動，參與實習的同學，都由公司開立證明，並撰寫推薦信，後來全部進入出版產業工作。萬卷樓實習的高就業率，帶來了盛名。第三年舉辦實習時，初期報名，便超過百位，後來改採收費制，並限制年級，才下降到六十人。因為人數眾多，又有收費，因此我們精心規劃師資，安排課程，並組織參訪活動。舉辦下來，疲憊不堪。第四年之後，實習工作轉由其他同事負責，我僅協助支援。直到今年，才又重新接手，主導實習活動。由於有十一年舉辦、協助辦理實習活動的經驗。對於「產業實習」該如何安排，也就有了一些心得和想法。希望能夠找機會落實。

一般的「產業實習」工作，多半是由學生接洽實習單位，並且到單位進行實習，以便了解產業。在前往實習單位之前，對於實習工作，並沒有先備知識。只能透過單位的安排，進行學習。但實習時數很有限，在有限時間內，對於產業概況和實習工作，能夠深入了解到什麼程度，還有待商榷。此外，實習單位多半是公司行號，營業目的是業務推動，以及公司發展，而非實習教學。因此，負責接待實習生的同仁對於工作是否了解？能否針對工作提供完整的介紹與正確的觀點？往往見仁見智。如果遇人不淑，難得的實習機會，就浪費了；如果同學抱著玩票的心態，或者只是體驗看看的想法，那也就辜負實習單位的美意了。

「出版實務產業實習」給了我這個機會，在課程安排上，結合了：一、「出版實務」課程介紹；二、「產業實習」活動安排；三、「職涯發展」規劃設計；四、「職場氛圍」體驗感受。讓同學在課堂上，先掌握產業發展概況，以及編輯、發行工作先備知識。後續在實習活動中，透過課程設計與安排，讓同學實際參與「實際的編輯工作」，以驗證課堂所學的知識。並將完整的編輯工作，設計成各項作業，讓同學參與，有系統的進行操作。過程中，結合公司實際業務的進行，讓同學感受職場工作的氛圍。此外，課程期間，一併提供就業輔導，以及職涯發展的建議。如遇合適機會，也可以提供就業職缺，給有志從事出版產業的同學。

在這樣子的課程設計下，除了必須在課堂上課之外，同學還需到萬卷樓實習六十個小時。以一門兩學分的課程來說，這樣的學習負擔，可謂不輕。原本擔心修課的狀況可能會不理想，沒想到在初選階段，就已經額滿。

開學之際，適逢新冠疫情嚴重，學校改採遠距教學。為了避免學生群聚，以及染疫風險。原本到公司的實習安排，改成「任務制」的實習體驗。恢復實體授課後，雖然重新開放到公司實習。但開學已近月餘，同學都已做好時間安排，課程規劃也不宜大幅改變，只好作罷。

上課期間，有鑒於臺灣目前尚無合適的出版實務教科書。因此，授課內容以自編投影片及相關講義，作為教材。授課方式以口授為主。課程期間，我要求同學每堂課需做筆記，並擇要於期末進行匯總，奪裁成篇，並加以編輯排版，以備出版。同學上課期間，皆認真進行，筆錄詳實。部分同學寫得比我講得更好。教學相長，我也得到更多收穫。

實習任務，作業甚夥：企劃、排版、校對、行銷、書號申請。同學既要做筆記，也要做作業，十分辛苦。堅持到底，實不容易！今年是虎年，在討論書名時，兩位主編告訴我，這本書就叫做：《不畏虎——打虎般的編輯之旅》。

張晏瑞　二〇二二年七月十九日

誌於萬卷樓編輯部

心之所向，和出版產業的初相見

王秀羽
國立臺灣師範大學華語文教學系

一　緣起

我很喜歡觀察一本書的封面、設計、排版，對於一本書的誕生，我有好多的好奇和憧憬，出版社是我十分嚮往的地方。透過這次的實習活動，我有了一圓夢想的機會。在張總編輯用心規劃的實習活動裡，包含了對出版產業運作不藏私的分享、詳盡的編輯作業教學、以及精心設計的實務操作，一步一步地引領著學生認識出版產業，甚至參與其中。於是懷著感激與躍躍欲試的心情，我開始了我的小小編輯體驗之旅。

二　奇幻的旅程

出版產業到底是什麼樣子呢？一本書是怎麼誕生呢？這次的實習活動就像一趟奇幻的旅程，處處充滿著驚奇與發現。

若詳究圖書的發展，打從中國現存最早的文字載體「刻著甲骨文字的龜甲」開始，隨著時代的演變，秦漢的竹簡、東漢有蔡倫造紙、唐代的雕版印刷、北宋的活字版印刷、清代時工業革命帶動印刷機器的產生……實已有四千多年的歷史。除了技術不斷地進步，經驗亦是不斷地累積，發展到現在，圖書出版已是一個專門的行業、領域。

對我來說，出版產業就如同一個歷史悠久、內容豐富的寶藏庫。越是深入瞭解，學到的越多，卻也總是學不完。現在就讓我帶您來看看，在認識出版產業的這趟奇幻旅程中，我所踏過的足跡、所看到的風景、所經歷的人事物。

（一） 從認識產業概況開始

一九六〇年代至一九九〇年代，印刷技術的進步，使得出書成本降低，教育的發展亦帶動了市場的需求，這段時間是臺灣出版產業極為興盛的一段時期。到了一九九〇年代後期，以出版紙本書為主的出版產業，首次遇上了數位時代的挑戰，電腦與網路的發展，使文字載體改變，數位化浪潮，衝擊實體書店的營收。實體書店在銷量不足、無法負荷店面租金與經營成本的情形下，漸漸關閉。網路的發展，也使作者不再像過去一樣，需要仰賴出版社的幫助，便可藉由個人語意發展平臺，將創作公諸於世。紙本書籍的需求下降，再加上少子化浪潮，未能增加新的閱讀人口，導致整體圖書市場持續萎縮。

各出版社有其出書的宗旨，或是推廣文化，或是輔助教育等。然而，儘管有再多的理想，當收入支撐不起所花費的成本時，運作便會出現問題，這樣的企業終會走向結束。這也是現今出版社所面臨的難題。現今的出版產業，都在尋找自己的存在價值，以及延續方式。實習的課程中，也都扣合著這項目標：「瞭解出版成本後，如何有效地降低成本？如何在內容或行銷上進行創新？如何將書賣得打動人心、打入市場？」來進行課程的教學。

其中我們探討了，銷售模式從物流分層走向一條龍的方式，降低了物流成本；網路書店的經營使店面營運、經營成本降低；印刷方式除了大量生產的傳統印刷外，有了數位印刷的新選擇；銷售市場從國內走向世界，銷售量有了可觀的成長；出版企劃納入了新的思維，使出版品走向多元、創新；透過舉辦活動如新書發表會，以及創造話題，提升書籍的附加意義……。環境一直在變化，「如何解決問題，化危機為轉機？」是我認為身為出版人，所需具備的能力。

（二）一本書的開端——出版企劃

「出版企劃」是一本書的起點，它決定這本書的章法、發展。企劃一本書，編輯可以先策畫、歸納書籍的主題，接著檢索多篇已完成的文章，然後集結符合主題的文章，進一步編輯成書，此為「先有創作，再有出版」的企劃方式。另外，有一種企劃方式是由編輯先發想出版的主題，接著才開始向作家邀稿，進行內容的撰寫，此為「先有出版，再有創作」。課程開始前，我對撰寫出版企劃是抱持著「企劃的書要暢銷！要熱賣！要符合大眾市場。是一本被擺在書店門口，會賣到缺貨的書！」的想法。但隨著課程進行，我很快地知道，這是個必須要打破的迷思。

一味的追求「暢銷」，害怕跟不上風潮的出版企劃，不僅可能無法達成暢銷的目的，背後付出的更是巨大的代價：在廣大的同質性書海中競爭，投入數不清的廣告費用仍無法脫穎而出；出版社的品牌形象與定位模糊不清；汲汲營營於跟隨風潮，品質卻達不到水準。

「藍海策略」告訴我們，尚未有前人踏足的小眾市場，才是利益市場；「紫牛行銷」告訴我們，透過最小受眾，讓具差異化的特色產品自己產生行銷口碑，自己說故事；「長尾理論」則像背後支持我們的支柱，讓我們知道，後段眾多長銷商品的利潤，其實大於前段少量的暢銷商品。而數位時代更是提供了各式商品一個可以被看見的舞台，給予我們勇氣去開發小眾市場、放膽去創新。這三個觀念，無論我未來是否踏入出版產業，都受益無窮。

（三）文稿的優化——校對

書籍的開端是出版企劃，接著展開的是稿件蒐集、打字、整理，再來進入校對的工作。這次的實習活動，我實際參與了打字與校對的作業。我很幸運能親自體驗，因為許多細節是唯有參與其中，才能體會到的。

舉校對實作為例，除了核對排版稿與原稿的異同的「死校」外，更不容易的是主動去發現、審查原稿錯誤之處的「活校」。實際作業後，我才體認到校對工作的重要性，打字過程中，難免產生錯字、缺字，必須耐心地一字一字、一句一句地校對才會發現；在文稿中以逗號組成的長句，我加入了分號，使之更易閱讀；文稿中有引用典籍的句子，我去核對它的正確性；現今少用的古字、異體字，我以今字、正體字替換。在校對的過程中，我已竭盡所學，也查了好多資料，這才發現「活校」對於校對者的語文敏銳度、文學素養要求之高，必須經過一番訓練，才能勝任。

張總編輯曾分享實務中的故事：有一位頗具聲名的老教授，他是學界的權威，編輯對於作者的原稿，不敢修改。但是，這位老教授對於電腦操作並不熟悉，打字出來的稿子，其實是有疏漏和錯誤的。當時總編看了編輯呈上的稿件，便將這份稿子重新校過一次，這些錯誤才得以改正，也獲得了教授的肯定。

因此，我認為「校對」這份工作，是很需要責任心的。有些錯誤，在自己負責的校次不改正，很可能往後也沒有機會被改正，這本書便這麼到了廣大讀者的手中。這些錯誤的詞、句子傳播開來，積非成是，整個媒體、教育、甚至是民眾的日常生活，可能都會受到影響。作為文字正確性的防線，「校對」實在是扛在肩膀上，一份沉甸甸的責任，除了要具備豐富的語文知識，更要大膽，也要細心。

（四）文稿的美化——排版

在文稿編輯的流程中，校對與排版是最密切配合的。在各個校次裡，編輯將校對者所標示出的修改之處，重新整理謄錄，接著送回排版廠修改。排版廠修改完後，編輯再進行「對紅」。依照回覆的稿件，重新比對校對稿，確認是否完整修改。這樣一來一往的過程，至少會重複三次。

把單純的文字，排得美美的，這個書籍排版的作業，是我很喜歡的一項主題。我很好奇在實際的工作場域中，排版的作業方式。總編在課程中，演示了與排版廠商的溝通，並且做出一份樣張，讓編輯確認。編輯確認修改樣張完成後，排版廠再正式開始進行全書地排版。

在實習活動的尾聲，總編讓實習生們自己排版自己所寫的心得筆記，集結後出版成書。這樣的過程，讓我們有了更進一步的體驗。

首先，排版會依照書的的風格，設計一份版型樣張，內容包含版面設定以及各個階層的樣式。在設計版型樣張時，要考慮很多細節。張總編輯也向我們說明，他在設計本書版型樣張的考量：開本採二十五開大小，較小的頁面，可以使本書的厚度增加，更有份量；各個階層的字元間距縮放比例，是依照視覺美感與可讀性所做的設計；貼著頁緣顯示的黑色框線，是為了在編輯整本書稿時，可以更清楚得看到版心和頁緣的距離。

接著，我拿到了張總編設計的版型樣張，並將我書寫的原稿依照此格式排版。實際操作後，令我驚奇的是，當設定完所有的樣式以後，後面稿件的排版，其實十分快速與順暢。過程中，最難的是一開始版型樣張的設計與規劃。這也是我未來想挑戰的工作，為不同風格的書籍，打造專屬於它們的排版。

當然，排版過程中，還有許多眉眉角角的地方，必須加以注意，如「單字不成行，單行不成頁等」相關的要求，這可以透過刪除虛字、贅字來避免。

（五）成書——印刷、上架

當一份書稿在各個校次中，逐漸完成優化、美化的工作後。編輯便會請平面設計專業的公司或人員，設計適合本書的封面。接著，會進入「印刷」的環節。

印刷的成本包含傳統印刷的製版、印刷、紙張、裝訂、加工、運輸。依照所編輯所選擇的材質、工序，以及本書的總頁數、總印量而產生印刷費用的報價。

在過程中，我印象深刻的是總編在課堂分享的一本書——《印譜：中國印刷工藝樣本專業版》。書中的每一頁都有著獨特的印刷方式，如：特殊油墨、冷鉑技術、織品印刷等等。在設計上，在紙材種類的選擇以及加入特殊媒材，所呈現的效果，也讓我感到十分驚奇。從書中，我看到了以棉線、膠片等作為書籍印刷的素材。也看到了彷彿紙雕般被畫刀的書籍頁面，以及裝訂成信封可以拆信閱讀的頁面。這本書為我開啟了印刷技術與頁面設計的新世界，也讓我了解在封面印刷，甚至是內頁印刷上，編輯有更多不同的創意。

在實習活動的最後，有一項任務是「稿件發包與書號申請」，讓我們實際填寫書籍資料表，透過電子郵件與廠商聯繫、洽談排版和封面的細節，接著申請國際書號、填寫萬卷樓的新書資料卡、博客來書訊卡。

國際書號就像書籍的身分證，使出版社便於進行圖書管理作業，也讓圖書館方便進行採購、編目。同時，這組號碼是國際通用的，即使是國外的出版社、書商，在不識原作的語言的情況下，也能透過號碼，辨識該書的所屬國別、地區、語言、出版機構、書名、版本及裝訂方式。而新書資料卡包含書籍基本資料、書籍簡介、作者簡介、目次等。有助於編輯部將出版的書籍歸檔，以及作為行銷上的應用，如：上架博克來、金石堂等。

在這項擬真的任務中，和廠商、總編的每一封信件，我都以非常謹慎的心態書寫、寄出。以編輯的身分撰寫的書籍簡介，也是仔細思考著，如何才能達到扣合主題並成功行銷本書的目的。我在實作中，瞭解圖書是如何從發包，到正式出版，上架，也很期待自己負責的書籍最後成書的樣貌。希望在書籍的最後一哩路，我給了它一段很美好的旅程。

同時，透過觀摩總編與廠商溝通的信件，我瞭解到，保持溝通的順暢，是職場上很重要的態度。讓主管或合作對象了解整個事情的進度、狀況，不僅可以使對方免於猜測、等待，同時也讓對方有機會協助自己調整及安排事情的輕重緩急，減輕自己的壓力。總編也和我們分享「業界工作的時間感」，業界工作的時間是很緊湊的，今天的信，明天沒有回，對方可能就會打電話確認。再者，交稿時間到了，但做出來的東西，未到達滿意的程度，應該以準時交稿為原則。因為，一份作品要到達完美，要花很多時間修改。而一份滿意度八十分的作品，絕對好過「耽擱交稿」的作品。這些態度與觀念，是我在這次「稿件發包與書號申請」任務中，最大的收穫。

三　結語：成長與收穫

在第二堂課時，張總編輯便和我們說：「出版產業是事業，門打開，就是要做生意。」萬卷樓與大學端合作開設實習課程，除了尋找未來夥伴，其實亦承擔著學生實習的風險。我想公司在舉辦實習活動的背後，包含了更多的是對社會的一份良心與期許。願意手把手地教學，給還是菜鳥學生的我們，一個實踐自我的機會。對於萬卷樓搭起的這份機緣，我十分感激。

透過這份實習活動，使我和心之向的出版產業，有了初次見面的機會。更或許會成為我未來往圖書、出版相關行業發展的一個緣分與助力。我除了更瞭解出版產業的運作，瞭解編輯須具備的技術與實力，也收穫了許多寶貴的經驗、態度與觀念。

在實習的過程中，我看到了自己長處，也看到了自己的不足。在課堂簡報的最後一頁寫著一段話：「無論發生什麼事，即使門關上了，敲一敲可能還會打開，千萬不要放棄。」實習的作業並不輕鬆，我曾經有想要放棄的時刻，很感謝張總編輯的鼓勵，對我來說，您不僅是老闆，更是良師。明白了能改進的地方與努力的方向，我期許自己在未來的道路上，能想著這次實習的所聞所見，持續進步，持續成長。

出版業現行做法及新興出版方式

王湘華
國立臺灣師範大學國文學系

一　前言

十六週的時間裡，在老師的帶領下，我看見了平時難以接觸的出版業樣貌。不敢說我看到的有多全面，但幾乎全程參與了一本書從無到有的過程，不但讓我對編輯工作有更完整的瞭解，更帶給我滿滿的成就感。雖然因為受疫情影響而無法實地實習，不過實務操作的訓練，卻依然扎實。謝謝晏瑞老師的指導與協助，讓我們能夠順利地完成實習任務，也從課程中，讓我們進一步了解圖書出版產業，並且對於目前的產業困境和發展，能夠有進一步的了解和省思。

二　消費習慣的改變所帶來的挫折與因應

（一）新時代的環境，舊思維的經營

出版產業目前遭遇的最大難題，除了買氣低迷以外，就

是銷量不足了。加上庫存積壓，新書不斷出版，舊書還在架上，讓日益增加的倉儲成本，成為壓垮駱駝的最後一根稻草。造成這些問題的癥結點，在於病態的削價競爭，以及市場上「同質性商品」供過於求所導致。

之所以會出現「供過於求」的情況，主要是「知識載體」的改變。隨著時代的發展與科技的進步，網路開始被廣泛運用，不僅是接收資訊的管道更加多元，連接收量也和紙本書盛行的一九六〇至一九九〇年代不可同日而語。

然而，也因為數位載體帶來的便捷，「知識的傳播」不再僅限於紙本出版品，使得紙本圖書的需求與銷量大幅降低。但即使面對這樣新時代的出版環境，出版產業的經營模式，大多依然保持著「大量鋪貨」的舊思維想法。以至於在「供需失衡」的市場上，印刷、倉儲、物流等成本，在出版、鋪貨、退貨的過程中，不停增加。逐漸形成龐大隱性成本，導致資金無法有效運用。這是出版產業的發展中，出現困境的問題之一。

（二）賠了夫人又折兵的價格戰

病態的削價競爭是出版業面臨的第二個問題。為了刺激銷量，提高獲利，業者用打折這樣自損的方式拉抬買氣。薄利多銷的做法，看似有效，實際上治標不治本。短期內，帳面數字好看，但久而久之，不僅是低利潤造成的入不敷出，連消費者購書的消費習慣，也跟著改變。只要不打折，就難以刺激買氣，落入低銷量、低利潤、高庫存的惡性循環，可以說是「賠了夫人又折兵」的作法。

（三）打破惡性循環的對策

要為「惡性循環」解套，新技術「數位印刷」的應用，是一個不錯方法。一來省去傳統印刷繁複的工作流程，二來能夠按需印刷，同時達成省時省力與省錢的需求。更重要的是，數位印刷能夠精準估算印刷量，依照實際的需求量，從出版當下，就避免庫存，大幅減少倉儲與物流的開銷。

如果圖書出版產業的銷售模式，可以採用「預售」與現貨銷售相搭配的方式，在出版前期，先建立有效訂單，再進行印刷的作業模式，便可以盡量達到零庫存的目標。

為什麼只能採用「預售」與「現貨銷售」的方式相互搭配，不能夠採用「全面預售制」的作法？原因有二：

首先，前文所述「消費習慣的改變」，除了上述「不打折不買」的習慣之外。在今天凡事講求效率與速度的時代，網路購物的客人，二十四小時內到貨的供貨時效，已是常態。因此，各大平台一直跟時間賽跑，或者更確切的說是跟顧客的耐心賽跑，只要送貨速度比對手快，價格比對手低，那就可能拿到訂單。要採用預售的方式，讓讀者苦苦等待書籍的出版，一時之間，可能難以改變，讀者的心態。

其次，「全預售制」的書籍，對於讀者來說，內容需要更強大的吸引力。現在圖書市場上，「打折」和「快速到貨」已經相當於是圖書銷售的基本功，而「全預售制」則等同放棄了，原本成熟的經營模式。這樣一來，勢必需要其他的誘因來彌補不足。如果操作全面預售，而放棄原本成熟的銷售模式，反而是本末倒置了。

由上述可知，「全面預售」與「現貨販售」各有利弊，前者可以壓低庫存，減少倉儲及物流成本，但速度相對慢，容易流失客源；後者可以快速出貨，滿足消費者的需求，但缺點是隱性成本過高。因此，採用相互搭配的方式進行，是目前比較穩妥的作法。

（四）圖書單一定價制的省思

面對圖書市場的改變，出版社必須透過降低庫存，減少倉儲與物流成本的方式來經營，以便降低成本，提高獲利，讓出版社能夠永續經營。目前，相關部門與出版產業，正在研議推出的「圖書單一定價制」的作法，單就目的性而言，我認為這對出版產業長期扭曲的銷售折扣和定價方式能夠有所改善。不過，圖書單一訂價的相關配套措施，目前尚不明確。如何協助業者減緩售價固定所帶來的銷量衝擊？如何避免少數業者違規降價求售？……等，都是需要再進一步完善的部分。

三　個人出版時代的來臨

（一）數位化下所孕育的個人出版新勢頭

數位化的影響，除了知識載體的改變，造成整體出版環境的變化外。隨著數位化的浪潮，網際網路的興起，出版成本降低，讓個人出版與自費出版，成為一種產業趨勢。

過去，出版成本的門檻很高，作家需要遇到伯樂，有出版社青睞，才能夠有機會出版，進而成為千里馬。出版成本下降後，門檻降低，個人出版甚至自費出版，已逐漸普及化的今天。作家不一定要再透過出版業者，也可以選擇自行出版時？出版社該如何應對？有沒有轉型的必要？

傳統出版社與作家間的關係，如同伯樂之於千里馬。在數位化時代下，個人語意發展平臺的興起，創作者只要有好的內容，自己就能成為自己的伯樂。面對這樣的情境，出版社的角色，也該跟著轉變，才能在劇烈的競爭中站穩腳跟。從培植作家，轉為提供出版服務，以及出版成品的銷售服務，甚至提供創作平臺，都是目前可以去思考發展的新勢頭與新方向。

（二）個人創作平臺的利弊

出版社提供作為個人創作平臺的作法，優勢是吸引用戶的同時，也同步帶來關注，並搶佔先機，簽下平臺上的優秀作品，一石二鳥。若是平台上的人氣作家，相當於獲得票房保證，還可以藉由作家的人氣，進一步拓寬用戶規模與黏著度。出版社對其創作作品的出版，有更好地把握，透過平臺出版的作品，既可以掌握智慧財產權，又可以開發後續一連串的衍生產品，賺取授權金。此外，可以嘗試設計更多的獲利方式，例如：販售相關的虛擬獎勵，抖內、打賞、送禮等，既開闢新的收入管道，還能提供創作者變現作法，一舉數得。

出版社轉型為個人創作平臺，也有必須考量之處。首先，為了增加獲利，而廣泛接受各類出版品到平臺上發布或出版，使出版社的出版主題變得十分駁雜。出版社出版作品的類型太多，會讓出版社的定位變得模糊，容易因為過度迎合市場喜好，以至於顧此失彼，迷失自己的核心宗旨。因此，即使作為個人創作平臺，仍然要有精準的定位，以宗旨為核心，才有利於鎖定客群，以及後續行銷。

目前，市場上已經有的個人出版平臺來說，例如：臺灣城邦集團下的 POPO 原創市集、大陸閱文集團下的起點中文網。甚至是像早期的飛燕文創的「冒險者天堂」，以及「鮮鮮文化」，都有隨著市場的流行，一窩蜂的選題現象。導致頁面打開，呈現的都是相同性質的作品，使讀者審美疲勞，缺乏新鮮感，最終導致顧客流失。

因此，我認為採用「一個主軸，多元題材」的作法，才會是行健致遠的選擇。出版社應該該有明確定位，出版的書籍要鎖定自己擅長的領域，發展才能長久。即使是作為出版的平臺，也應該要掌握這樣的做法，才能有效的形成「紫牛」產品的行銷策略。

（三）開闢未被開發的新領域

想在競爭激烈的市場中脫穎而出，就必須把握創新且獨有的大原則，加上配合影響銷量的價格與需求性，再投放到清晰明確的客群，才會有顯著的效果，也就是俗稱的藍海策略。

然而，藍海策略亦有其利弊：有利的部分，是開發全新的市場，作為新市場的先驅，開發的風險固然高，但能夠獲得的利潤往往也較高。發展過程中，透過專業化的經營，也能夠將品牌的特色內化於客戶心中，形成品牌印象。缺點的部分，則是沒有永遠的藍海市場。一旦市場開發成熟，往往就會有其他的競爭者加入，再次造成新的競爭。如果市場開發後，便停滯不前，也是會變成被市場淘汰的狀況。

目前出版產業的經營趨勢，面對新時代的挑戰，仍以保守穩健的作法為主。大眾、娛樂、消遣取向的產品，依然佔據多數的版面。可想而知的是，即使個人出版的發展，創作者也會希望盡量貼近市場，創造流量，造成小眾題材的出版，仍然較少受到創作者的關注。

（四）定價：出版業的根本

為什麼說定價是出版業的根本呢？因為無利不起早，沒有任何商人會願意做無法獲利的生意，大家工作都是為了餬口，出版業亦不可免俗。

定價直接攸關出版的收入，這當中必須包含成本、利潤及可供週轉活用的資金，換言之，定價的決策可說是與產業的生存密不可分。

圖書價格的訂定大致照三個指標為依據：成本導向、讀者需求導向、市場競爭導向。這三項指標通常會綜合考量，形成該定價的市場接受度，由此再衍生市場榨取與滲透兩個方法：

前者於推出時先以高價販售，竭盡所能榨乾市場價值，等過了一段時間後再降價，這個方法常使用在專業性或需求性高的書籍，例如學術書、教科書。畢竟，有需求就會有市場，雖然說目標客群很少，但這類的書不太會有市場競爭，競品稀少，客戶的選擇也不多，只要有需要，價錢雖然高了點，也只能忍痛掏錢買下。

後者因為市場上同質性產品太多，沒什麼競爭特色，與前者是完全相反。為了創造市佔率，只好犧牲獲利，以低價搶占市場。即是以量制價，一般適用於市場型高、較通俗的產品，比方小說、娛樂性書籍。

一本書的獲利能力，主要是依據過往書籍的銷售經驗進行判斷。若書籍本身或作者具高知名度，則該書的獲利能力自然就高，但相對來說，其背後所需要的成本也是水漲船高。然而，過往的銷售經驗終究只能當作參考，無法代表實際的銷售量，現實情況會因為定價、內容、受眾、行銷方式等等因素，使銷量受到影響，而這些因素都是成本的一部份。由此可知，即使一本書的獲利能力高，卻不表示其實際獲利會一樣高，因為多數獲利可能都被成本吃掉。

不虧本，或者說損益平衡，是訂定價格前必須把握的基本原則，換言之，必須先清楚自己出版一本書得耗費多少成本才有辦法確定定價，否則一切都不過是紙上談兵而已。

一般而言，一本書的定價取決於編輯成本與印刷量。這裡是說一本書的版稅、印刷費、設計費等書籍從無到有這件事，本身所花費的成本，其他通路、倉儲等不列入計算。也就是說，一本書的實際成本只會比這更高。而該成本於定價中的占比，又稱成本率，它是一個浮動的數字，通常會介於百分之二十到四十之間，以確保獲利足以支撐其他費用的支出與週轉。

印刷量的多寡對成本的影響，主要呈現在議價方面，和批發一樣，量大則可壓低單價提高利潤，就如前文說的以量制價，並且，議價空間也會增加。然而，印量不會同等於銷量，餘書會轉為庫存，庫存則會成為龐大的倉儲成本，如此就本末倒置了。所以印刷量還是需要透過實際情形考量，不能單單只靠大量印刷，造成每一本書的單價成本降低，就決定印量的多寡，與定價的金額。

四　結語

我們身處於電腦與數位化蓬勃發展的時代。知識載體的改變，透過網路就能輕輕鬆鬆地獲取想要的資訊。反過來說，書本不再是人們獲取知識的唯一管道。此外，各通路與經銷商間層層剝削的折扣，對出版社來說也是重傷，長期受到折扣的影響，導致書籍銷售的利潤越來越低，內容生產者的價值，完全無法發揮。如何可以擺脫現有的銷售模式，提高出版社的獲利，甚至能否藉由網路的興起，出版社直接與讀者對接，進行交易。既能將折扣優惠給讀者，還能減少物流成本。這些是出版社在現行的出版作法上，必須進一步去探討的新興出版方式，也是我在這次的出版課程中，最令我感到興趣的地方。

放手一搏進入出版產業一探究竟

林育瑄
國立臺灣師範大學國文學系

一　前言

首先，很慶幸、也很幸運自己能選到這堂課。當初進入師大時，我很想挑戰自我，訓練自己成為一個獨立且身懷絕技的文史人。在那之前，我想仗著自己學生的身分，多多接觸、探索不同的領域，也希望自己能夠透過富有挑戰性，以及實作性質的課程，獲取多元的經驗，真正了解自己的目標與理想。所以當初選課時，看到系上新開這堂課，看完課綱後，我便毫不猶豫地做出選擇。如今，很感謝當初自己勇敢地踏出這一步。

二　勇敢的選擇，先投遞自己的履歷！

想要踏出找尋工作的第一步，必先動筆書寫履歷！老師強調，履歷撰寫的目的，除了求職之外，也可以進一步回顧自己的生涯發展，並且規劃未來職涯的藍圖。

（一）履歷製作的基本功

一般正統的履歷，大致可分為：個人的基本資料、學歷、證書、經歷、自傳等部分。除了內容外，可使用一些排版的小技巧，讓版面變得一目瞭然。例如：一、善用留白空間，製造清楚的區塊。二、把標題盡量控制在相同的長度等。三、在字體的使用上，盡量使用明體、楷體、黑體，不太建議使用過於藝術化的字體，以免造成視覺效果的混亂。

履歷表要隨時更新，盡可能地培養固定時間，便將成就達成或值得驕傲的事紀錄下來的習慣。以便在需要撰寫履歷時，可以有所取資，從容不迫地撰寫。

（二）自傳撰寫的必要性

履歷不一定要撰寫自傳，如果要撰寫，必須依照個人簡歷中的不足，在自傳中補充，使其完整。這是我聽到的新穎觀念，以前的我習慣在列出經歷後，便使用較為感性、浪漫的語氣書寫自傳。所以在聽到老師說不一定要寫自傳時，對我帶來有點大的衝擊。這也讓我開始反思：過去自己認為可以為履歷整體大加分的利器，是否造成了反效果？不過在思考老師上課所說明的自傳大綱，比較自己以前所寫下的自傳中，發現自己所寫自傳，與老師所說的相近，真是令人慶幸。聽完老師的履歷講解後，我便針對履歷上疏漏的項目慢慢改善、修正，讓自己的履歷能更上一層樓。

（三）揭開面試的神秘面紗

投遞履歷的目的，是要讓自己敲開面試的大門。在投遞履歷後，收到面試通知前，可以表現主動的態度：如主動致電詢問、另外用自己的電郵，寄一封專屬的履歷給人事主管，讓他們加深對你的印象，作為開啟面試大門的敲門磚。

企業面試，除了專業、技術程度的考核外，主要是篩選未來成為同事後，與其他同仁相處，合不合得來的人員。所以，在進行面試時，應友善、誠實地應對人資的問題，並且用適當的態度，得體應對。在態度上，需表現不亢不卑，進退得宜。衣著上，不一定要正裝，但要端莊大方，整齊清潔。

結束面試後，也可以再次致電或寄信給人資主管，表達自己的感謝。若是不幸落選的話，也可禮貌性的詢問落選理由，進一步瞭解自己的不足，並且審視自己可以改進的地方。同時，也讓對方留下好印象，讓自己增加未來的機會。

三　想進入出版產業，不可不知的出版知識！

（一）什麼是出版？什麼是出版品？

課程一開始，老師便讓我們分別動腦思考對於「出版」、「出版品」，以及「出版產業」的定義。同學們都針對老師的提問作出了很詳盡的回答，也有些同學給出了很新穎的答案。有人認為「出版」是將作品集結起來，由出版社或特定的單位、對象進行整理再公諸於世的過程；也有人認為「出版」可以是由群體創作並體現到書上進而銷售與發行的整個歷程。「出版」可分為狹義與廣義的定義，故上述的講法都是正確的。我自己對出版的認知，偏向「廣義」的定義。覺得今日作者無論是透過何種平台或媒介把作品發表出來公諸於世，這個作品便擁有著作權，「出版」的行為在那一刻便已經成立。但「出版」比較嚴謹的定義是讓作品以「出版品」的形式流通。這時便需要定義「出版品」。狹義的出版品定義為：作品獲得「國際書號」並經過「出版機構」印刷成書籍，便稱為出版品。而我自己的答案偏向廣義，因為我覺得只要是一種背負著傳播資訊、文化、知識使命的載體，其實就會算在「出版品」的範疇了。

（二）知識載體的第一次改變：紙本圖書

現代的科技日新月異，我們很多以前熟悉的生活習慣都正在被改變中，尤其是閱讀書籍的習慣受到了巨大的衝擊與影響。未來的我們也許都不再需要藉由手持實體載具閱讀一本書籍，所以我覺得整個「出版產業」可能都需要努力適應這個變化萬千的世界。

這時候便想捫心自問，世界變遷的速度之快，對於喜好閱讀的自己，該抱持何種心態面對這樣的變化呢？這個問題尤其在現今的後疫情時代被更加地凸顯出來了，從去年五月那段臺灣本土疫情爆發的日子，便可看到很多行業面臨的困難，尤其是以出版「實體書」為主的傳統出版業，可能更加需要迫切地思考這個殘酷的問題。

書籍的載體，可以溯源至最早的甲骨文記載開始，慢慢地從甲骨、竹簡轉變為以紙筆作為載體。後來雕版印刷、活字版印刷的發明，讓紙張作為書籍載體的功能，成為主流。到了近現代社會的數位電子書，我們可以看到整個出版產業不斷地在演變，出版的門檻降低了，知識的傳播更加普及，而出版產業所需要用到的勞動人力，也逐漸轉變為提供「腦力」的人才。相信不久的未來，勢必需要更多跨領域的人才投入。

（三）出版是「志業」還是「事業」

我認為出版社成立的「核心理念」是很重要的。跟一群志同道合的夥伴一起作事，會讓人相處地較為愉快些。出版人所要背負的使命，對於每家出版社、工作室而言，都會有不同的認識。至於「志業」與「事業」的定義，對我而言，出版人身為「商人」跟「背負文化使命的傳播者」，這兩種身分不會互相衝突。畢竟出版業是產業鏈的一環，產業需要賺錢，但是也可以在賺錢的同時，給予這個社會一些回饋。這幾年較為興起的「社會企業」其實就是這樣的理念，在創新、發展產業的同時，也能反思我們能為這個社會做些什麼。我認為這是一件蠻重要的事，可以由此常常檢視自己目前在做的事情有無違背當初的核心理念。甚至是未來自己的事業步上軌道時，可以開始有更多的餘力，反饋曾經幫助過自己的人。

（四）出版成本降低與知識的普及

出版一本書的所有步驟皆必須考慮到成本效益，所以支持出版社出書理想和抱負的現實是金錢。而在活字印刷術出現以前，出版書籍是極為不易的事情，故書籍大多由宗教機構、政府單位出版。

到了明代商業活動發達，私家刻書風潮興起。私人刻書意思是指：作者自費委託出版社刻書，也就是收費出版的方式，出版社不用負擔成本的壓力。在開放科舉取士的制度下，民間的出版社會刻印跟科舉考試相關的書，等於是現代的高普考教科書了。

到了近代，印刷技術進步，出書成本更為低廉，書籍費用的降低，帶動了市場需求，知識便開始普及。一九六〇年到一九九〇年間，可以說是出版狂飆的年代。因為，經過工業革命後，印刷機的發展已經相當成熟。當時印刷技術發達，大家獲取知識的來源只有書籍，出什麼書都有人買，出什麼書都能夠賣，可以說是出版產業狂飆的年代。出版社在出書後，不用擔心銷售的問題。出版產業可以說是全面的市場化，當時甚至出現了「出版新貴」之稱，可謂出版產業的全盛時代。

（五）書籍行銷模式的僵化

當時，知識的載體是以紙本圖書為主流，要獲取知識，一定要購買圖書。在訊息傳播不便的年代，書籍上市的宣傳途徑，大多用廣播與書店宣傳的方式。因此，書籍出版後，會利用大量鋪貨的方式，將書籍鋪到全臺各地的實體書店進行販售。這種鋪貨的方式，也是一種宣傳。總是要鋪貨，才能讓大家看到書，才能夠帶來銷售。逐漸養成了出版社僵化的行銷模式，倚仗著讀者不買書，就無法獲取知識的訊息壟斷，不怕書籍滯銷，往往大量印刷。

（六）知識載體的第二次改變：網際網路

到了一九九〇年代之後，電腦以及網際網路的出現，導致知識載體再一次的改變。網際網路發展的過程中，Web 1.0 時期，只能發布單純的網頁，只有單向輸出的功能，當時大家戲稱烘培雞（HomePage）。到了 Web 2.0 階段，網路互動的功能推出，也就是任何人都能發布、回應別人的訊息，例如：部落格（Blog）、臉書、無名小站等。到了二〇一八年，網路發展隨著電訊設備的進步，再加上行動網路技術的普及，Web 3.0 的時代正式到來，進入了萬物聯網的時代，訊息的資料量變得比以前更大，必須透過系統篩選，才能找到自己需要的資料。

上一次知識載體的改變，是在東漢蔡倫造紙時。經過了近兩千年的發展，我們所熟悉的閱讀方式被數位浪潮巨大地改變了。書籍不再是生活中的獲取知識的必需品，有許多資料只要透過網路就可以取得。例如：以前旅遊的書籍往往銷售量很高，在手機出現後，大家只要打開網頁搜尋自己想去的景點就可以規劃行程，進而造成旅遊類書籍的出版，也必須做出改變。

（七）轉型中的圖書出版產業

現在人們吸收知識的方式，比起從前，改變甚大。人們往往使用更多的電子產品，替代紙本書籍的閱讀。這樣快速吸收資料的模式，成為了世界性的趨勢，我們獲取知識的來源不再僅限於書籍。相較於好好閱讀完一本書，更多的讀者似乎習慣於更快速吸收知識的方式，例如：讀者文摘，或是專家選文，以及知識導讀。

面對衝擊，出版產業在短短的二十年間，從原本九百多億的產值，掉到約一百九十億左右。讓人不禁想問：出版業是否會變成夕陽產業呢？我認為在短期之內不會。生活中依舊有大量知識性的需求，需要從書本獲取，產值曲線跌到谷底後，就會反升。但面對時代的改變，倘若出版業不作任何改變的話，產值曲線可能會再繼續跌落。

（八）轉型過程中的思考與因應

面對這個快速轉變的世界，也許下列幾項措施可能會對出版產業的轉型帶來幫助：一、發展出口，也就是開拓新的圖書市場；二、數位轉型，積極發展電子書區塊；三、創新思維，就是創造新的銷售模式並盡力降低倉儲成本；四、除此之外，還要提防報表上數字的迷思，也就是帳面的數字看起來會賺錢與實際上銷售淨利的差異。

除閱讀習慣改變帶來的衝擊外，圖書大型經銷商併吞小型經銷商；連鎖書店不斷成長，進而使獨立書店沒落或被迫轉型；因為少子化而導致新的閱讀人口沒有產生；全球化的就業，導致現有的閱讀人口逐漸消失。這些，往往都是出版產業在面對轉型時期，必須要進一步思考的問題。

四　書展是推廣書籍？還是賺錢？

在課堂中，老師詢問我們一個問題：「為什麼需要辦書展？」書展舉辦的目的，其實並不在於銷售大量的書籍，賣書是辦書展的其中一種目的沒有錯，而更重要的是：辦書展可以提升一家出版社的知名度，這對於出版社在規劃未來可能合作的項目時，會是很大的幫助。

（一）書展活動所費不貲

辦書展這類型的活動，不論是主辦方，或是參與的出版社來說，都是非常花錢的。以臺北國際書展這種消費展或稱作大眾展性質的書展來說，書展中一個約九平方公尺的攤位，光是攤位租金，一個展期下來，至少需要花費新臺幣六萬元左右。而書展中所使用到的書架、裝潢等攤位的裝飾，都要用投入金錢進行設計，才能吸引參展讀者的注意力。出版社參加書展，如果只是從銷售書籍的角度來看的話，往往難以回收成本。所以書展活動中，往往安排有一系列的配套活動，可以讓不同的廠商設立攤位，並促進交流。

本次課程期間，在十月二十至二十二日這段時間，適逢第十五屆金門書展舉辦。它的性質是屬於交流型的書展，也就是說它並不一定會迎合大眾的喜好來展書。老師分享二〇一九年金門書展在華山 1914 文化創意產業園區舉辦時，租借三日的場地費，竟要價新臺幣二十六萬多，而且這還是未加水電費與清潔費的價格。由此可見，若要辦一場書展，真的是所費不貲。

（二）書展活動的經費來源

雖然費用驚人，但書展活動還是可以達到文化推廣、出版產業交流的目的。只是，辦展的經費要從哪裡來呢？

一場較具規模的書展，往往需要申請文化主管部門、基金會、企業的贊助，以及政府在各方面的補助。申請這些贊助，往往也需要安排相應的配套活動，協助這些單位進行宣傳，才能夠順利獲得資助。最簡單的，就是在書展活動中，披露贊助書展的單位名稱，或是邀請這些單位的負責人，蒞臨開幕式剪綵，就是最常見的作法。

（三）書展活動由誰來舉辦？

而書展往往是由和出版產業密切相關的社團所策劃，像是臺北世貿國際書展是由書展基金會所舉辦。這些社團的種類很多，例如：出版協會、發行協會、版權協會、商業公會……等。所以每個社團之間，要維持良好的關係，在籌畫書展的過程中，才會有個社團的會員來參與，活動的籌辦將會順利很多。

（四）書展活動的宣傳

舉辦書展的費用很高，但為什麼在外面都看不到宣傳呢？書展活動多半利用網路的方式進行宣傳，以便控制宣傳成本。其實，利用網路宣傳書展的效果並不好。畢竟現在網路上的訊息太多，會讓人感到煩雜，往往一不小心，就把重要資訊忽略了。不過網路宣傳成本最低，所以即使效果不佳，也只能盡量利用，努力以有限成本達到最大幅度的推廣。至於在捷運、公車上，或是利用通訊軟體 Line 打廣告，這些宣傳管道，費用都很高，有待進一步的溝通和努力。

一個書展活動的舉辦，需要事前撰寫詳細的計劃書，並安排好整體書展的大小流程。在書展活動期間，也都需要萬全的準備，以便因應各種狀況。因此擔任書展活動的策展人，需要花分大量的精神和體力，才能扛起如此重責大任。

五　出版企劃，需要古靈精怪的創意

在企劃書的開頭，都會有個緣起與目的，就像是「楔子」一樣。可見出版企劃中，出版一本書欲達成的願景，對於企劃而言，是非常重要的。企劃最重要的是選題，若主題和內容有密切的結合關係，自然會有很多人受到吸引。而要如何將各種不同的主題整合並轉換成一份完整的企劃，很考驗提案者的能力。課堂上，老師講解了主題選擇與出版企劃的核心思維。其中提到了幾個概念：藍海策略、紫牛產品、與長尾理論。

「藍海策略」強調企業只要有足夠的創意和創新，尋求藍海市場進行發展，就能獲取高額的報酬，也就是企業需要有洞察先機的能力，才能取得小眾市場的商機。

「紫牛產品」是指具話題性的產品或服務，在出版業界的來說，就是需要創造有話題性的圖書。在出版時，就加入行銷元素，而且在出版企劃之初，便力求產品創新，讓這個獨特的元素存在其中。讓產品推出之際，便吸引少數人的關注和討論，引發「病毒式」的訊息傳播模式。藉由人群的談論，引發風潮，有助於紫牛產品跨出小眾市場。然而紫牛產品並不像大眾商品會長久流傳，話題不久便會消失。所以，需要不斷追求創新，不斷地創造下一個紫牛商品。

「長尾理論」是指：只要通路夠大，非主流的、需求量小的商品，它們的「總銷量」也能夠和主流的、需求量大的商品銷量抗衡。尤其因為網路發達的關係，冷門、被放置於倉庫的商品，透過網路購物，也能輕易地購買到。以出版業來說，只要書籍種類多元，且有自身特色，即使是冷門的書籍，透過網路，也能夠讓需要他的讀者找到他，並且購買典藏。這樣的理論發展，便是從 Amazon 網路書店的銷售經驗中，所發現的商業概念，顛覆過去實體書店的銷售經驗。

以上三種概念，皆和行銷與企劃相關。在撰寫企劃書時，我也透過企劃實作，理解了這些理念會在何種狀況下，被實際運用，真正了解了「理論」和「實務」兩方面的運用。

六　排版與校對：編輯學中的基本功

在老師講解完要如何排版與校稿後，我總算體會到了排版人員與編輯的辛苦以及挑戰。

因為在經費有限的情況下，要如何壓低成本，提高出版效率，非常考驗編輯的功力。而且作者也有可能會在不太了解編輯流程的情況下，在校對過程中，大幅更動稿件的內容。這時候便會造成出版社人員相當大的壓力，畢竟大幅度的更動，等於全部重新排版校對，需要耗費大量的人力與時間，以及其他看不見的機會成本。

校對有很多小細節是需要編輯注意的，像是在重新比對後，校對工作，是要在排版後的稿件上進行的，而且是要標註在要給負責排版的人員修改的那份稿件上。在標註的時候，需要使用紅筆圈選出待修正的文字、句子，甚至是段落，而且就算只是小小的標點符號都需要標示清楚，標註的格式也有所要求。

雖然在校對的過程中，很累、很辛苦、很怕自己標示錯誤。但是在校對完大量的稿件後，一想到自己辛苦校對完的稿件即將出版、上市，心中真的有很大的成就感呢！

七　結語

老實說，這堂課很辛苦，有很多的作業需要完成。對於還在讀書的我而言，已經提前體會到「斜槓人生」的精神。一邊兼顧課業，一邊兼顧實習，壓力不小。考驗了我對於時間管理的分配，以及任務的完成度，但同時也是我前所未有的新體驗。

在進行任務時，雖然常常有很多不確定因素讓我猶豫、退縮、害怕，但是老師總會告訴我，實習就是就業前的準備，可以大膽地實驗看看，做錯了，再進行修改即可。讓我感到有更多被包容的空間與時間，可以大膽地挑戰：撰寫履歷、提出企劃、校對文稿、審視成果。

除了實務的挑戰外，我也透過理論課程更加了解出版產業的運作，真心感嘆編輯這份工作需要具備各式各樣的技能，校對與排版都是基本功，有時需要和伙伴以及上司一同完成出版企劃以及書展策劃，在完成任務的途中，也會碰到突發事件，有時候會有點措手不及，但也讓我成長更多。

實習編輯對我而言是個很累但是成就感滿滿的體驗，也讓目前還在為未來感到迷惘、擔憂的自己，能夠有機會接觸到出版產業，對於未來的發展，就更有把握了！

最後非常感謝老師願意在師大開設這堂課程，並給予我們出書的機會，也很感謝自己願意放手一搏，給予自己闖蕩出版江湖的勇氣。

出版產業的市場現況與前景思考

林　良
國立臺灣師範大學國文學系

一　前言

出版一詞，最早見於《隋書》:「仍內出版式雕造。」在活字印刷術被發明之前，書籍要大量複製就得依靠製版印刷，也就是在木板上進行雕刻後，上油墨複印，這是早期出版行為的方式。出版的歷史，可以追溯到非常久遠以前，從這樣的脈絡來看，「廣義的出版」指的是將作品通過任何方式公諸於眾的行為，不一定要有銷售，只要公開傳播作品就可以是算是出版了。

隨著時代的發展，出版的重要性愈發彰顯，我們都希望好的作品可以傳得更廣、更遠，而作品的普及化就需要一套完整的出版、發行體系來運作，方能事半功倍。於是有了出版產業，即以出版為主的生產和銷售的產業領域。

出版與作品的發表關係密切，尤其在文學領域，出版更是創作後的重要環節，要讓作品面世，廣為人知。而文學在文人心中的地位是至高無上的，是清新脫俗的，與金錢掛鉤就會玷污文學的神聖性。產業指的是經濟體中，有效運用資金與勞力從事生產經濟產品的各種行業。當出版成為產業，則成為一項經濟活動，自然就和銷售密不可分。

二　文學何以商業？一種牛和鳥的互利共生

在討論這個課題時候，同學對於出版與商業掛鉤這一課題，表現出一種小心翼翼，甚至於說是極度謹慎的態度。在刻板印象中，出版行為屬於文學推廣的重要一環，將之與利益息息相關的商業活動扯上關係，彷彿就是一種褻瀆。

事實上，產業代表著系統的誕生，出版的每項流程都會經過專業化的分工，目的在提高出版的效率和收益。出版公司需要聘請勞動人才，支付給他們薪水，其它諸如購買器材、印刷等等環節，都會產生開銷。所以，除非出版公司是背靠金山而成立，否則勢必要透過銷售行為來盈利。出版公司靠出版文學作品獲取利潤，作者透過出版公司讓作品得到更好的推廣。彼此之間，是相輔相成，而非互相對立。我們必須放下成見，消彌文學的神聖性與銷售的市場性之間的鴻溝，讓二者形成互惠共生的關係。

並不是所有的出版公司都為文學作品服務，有些企業專職出版社科、音樂、藝術、評論等，各類出版品。因此出版社的創立目標與使命，定然各異。以萬卷樓圖書公司來說，其成立宗旨即是：發揚中華文化、普及文史知識、輔助國文教學。乍看之下，有著如此神聖、崇高的使命，萬卷樓的出版人必然是以出版為志業，是為了傳承文化才成立的公司。然而我們不能苛求公司，為了使命而放棄盈利，成為「志業」。畢竟再大的金山銀山，都有坐吃山空的一天。如果企業想要貫徹自家的品牌精神，首先要考慮的還是「永續經營」的問題。

出版產業在上千年的發展歷史中，無論是紙張、墨水、印刷術等，都經歷過無多次重大的改良和轉變。過去，出版是一件相當「燒錢」的工作。在工業革命後，出版的門檻降低，但仍然是一項投資，並且對於編輯人力，有較高的要求。即便，今日的印刷機器已經相當先進，但整體的製作流程和原理，諸如：編輯、發行、銷售等工作，仍然延續過去的傳統。因此，我們很難要求企業一視同仁地為作者們服務了。

三　從日漸式微的書展看出版產業

出版業的商業行為中，其中一項最突出、最可見，或者說規模最大的商業活動，當屬「書展活動」無異。我印象中的書展，規模應該要很大，而且感覺參展的書店、出版商的獲利、報酬很高，否則怎麼能用那麼優惠的價格，拋售部分出版品呢？而且，書展的現場，除了優惠的商品，還有很多剛上市的新品。看著現場龐大的人流，如果說這樣還不賺，於情於理都說不過去。而現實證明，我對於書展不只是認知不夠，甚至是有很大的誤解。

書展的類型，並不是只有我所見過的「以消費市場為目標對象」的 B to C（Business to Customer）書展而已。更有以文化、企業交流為主要訴求的 B to B（Business to Business）書展。在臺灣 B to B 書展的舉辦，多半和大陸有關，目的在於和大陸的出版業者進行交流，一方面是版權的交流，另方面是兩岸出版書籍的交流。甚至，進行印刷製程的交流，更進一步還能推行海外實習活動。交流型的書展落實的是產品推廣、理念宣傳與經濟收益之間的互助關係。然而，無論是 B to B 或 B to C 的書展，表面上看起來雖然光鮮亮麗，但籌辦的背後都有其辛苦之處。

在商言商，舉辦一場書展，首先要考量的必然是「費用」問題。根據老師在課堂上的科普，在臺北光是展場租借一天的費用，就高得令人咂舌。因此，主辦方把攤位租出去給參展商的費用，也是極高。如果要降低成本，那就只能找些比較偏遠的展場，才能降低租借的費用。但相對來說，在人流上，可能就不那麼理想了。

當然，書展的參展人流，一年不如一年。不能夠只歸咎於書展的品質，這也受到時代和大眾興趣轉變的影響。在越來越追求「速食」的現代，文化產業的發展，顯然是舉步維艱。因為，它不是生活的必需品，可有可無，加上現在閱讀資料的來源眾多，所以讀者對於書展的參加，自然不像過去熱絡了。

舉辦書展的費用高昂，但實際收效卻不明顯，導致書展的舉辦或參展，往往變成「做公益」了。在課程期間，恰好萬卷樓承辦了「第十五屆金門書展：臺澎金馬巡迴展（臺北會場）」的活動。書展規模雖然不大，但重點還是在兩岸書籍、文化和印刷技術的交流。書展結束之後，當老師告訴我們最後的銷售金額時，面對龐大的支出，但收益卻極為有限，這樣的結果無疑是令人沮喪的。如果沒有其他經費的補貼，這樣的書展，相信沒有廠商會來舉辦。

有鑑於此，不禁發人深思：當書籍載體遇上千年一遇的改變，數位化、網路化是不是將徹底衝擊出版產業，把它帶到窮途末路呢？

四　出版產業的經濟學思考

出版公司帶著作家的文字、音樂、繪畫等作品，走進自由的市場經濟，要如何在茫茫大海中，透過銷售的獲利存活下來，成為公司接下來的問題。

根據國家圖書館提供的〈109 年臺灣圖書出版現況與趨

勢報告〉指出，臺灣在一〇九年的新書出版量，跌破民國九〇年以來的新低點，共計出版書籍的總數是三五四〇一種。雖說創新低，但這樣的出版量，仍是非常可觀的數字。要怎麼讓自己的產品在這三萬多中的出版品中脫穎而出，被讀者、消費者一眼相中。出版公司在出版前，勢必要把前置工作做好做足。

首先，要抓住的是分別代表「藍海」和「紫牛」的「藍」、「紫」兩種顏色。簡單來說，就是強調「創新」的重要。

「藍海」概念的提出，是出自一本經濟學暢銷書：《藍海策略》。「藍海」是指一個「創新需求」，還未有對手競爭，或讓競爭無關緊要的「銷售空間」。這是相對於「紅海」市場削價競爭，強打價格戰的概念。出版公司需要成為市場的先驅者，探索、開闢書籍的小眾市場，即利益市場。選擇創新性題材的作品，將手上持有的出版品特點，最大化！才能夠在競爭激烈的市場中，脫穎而出，做到有效的銷售。

以「藍海」與「紅海」二者相對來看，這樣的概念沒有什麼問題，但是我認為必須同時將「時代的改變」納入考量。藍海策略要求的是：在最合適的時機（也就是價格戰不斷的時候）推出創新的理念，實現從「紅海」到「藍海」的轉變，體現出差異化，而這種差異化卻是容易被複製的。尤其如今的網路愈來愈發達，資訊流通快速，比之過去，不知多少倍地增長。一個「全新」的點子，無論再怎麼舉世無雙，也無法獨享這個新的藍海市場太久。可能在一夜之間，「新的概念」就被市場哄搶了。換句話說，「網路時代」已經瓦解了藍海市場的優勢，甚至可能很快就讓精心打造的「藍海市場」不復存在。所以，我們必須不斷地尋求新的藍海，永無止境。

「紫牛」的概念，最初源於 Seth Godin 在二〇〇三年出版的《紫牛》一書。其理論的核心是：「推出具有話題性的產品或服務，讓產品或服務自行產生行銷口碑。」把這個概念放到出版公司，就是要推出「有特色」的出版品，進而製造話題，讓行銷自己動起來。

而所謂有特色的出版品，不是標新立異，而是對應到一個小眾市場的需求，吸引少數人的關注和討論，最後透過這一批小眾讀者成為行銷的中心，在各自的交際圈中口耳相傳，構成「輻射式」和「病毒式」的訊息傳佈模式，最後幫紫牛產品跨出小眾市場。與一般的大眾產品不同，紫牛產品並不搶奪、壟斷大眾目光，重點在吸引「少數人」（需求受眾）的注意，而且將行銷的元素，在產品設計之初，就已經嵌入到產品當中。

總的來說，「藍海」提供的是一個創新行銷的骨架，而「紫牛」則是這種行銷模式的血肉，二者相輔相成，協助出版公司在龐大的市場中殺出一條血路。

除此之外，因應時代的改變，我們也要開始注意從前被邊緣化的市場。課堂上介紹了「長尾理論」，這是源於統計學的「長尾分佈」的概念，即曲線最低最長，過去少為人所留意的部分。

出版品透過出版公司出版、發行、分銷、上架到全國，乃至於全球的市場。這樣的發行方式，並不能保障每次發行都能完售，最後賣不出去的出版品，只能退回到出版公司，積壓在倉庫。對於這些賣不出去的出版品，顯然不可能直接銷毀，因為這就意味著絕對的虧損。因此，出版公司必須想方設法將之售賣出去。幸運的是，網路興起後，無論是滯銷或是冷門的出版品，即使沒有上架到書店，也有被看到、被銷售的機會。網路書店，突破了時間、地域的限制，也打破了暢銷商品對市場的壟斷，更為出版公司和書商創造更多選題和獲利空間。

在過去，傳統的實體店面，往往都有空間限制。因此，書店的架上都只陳列較為暢銷的大眾商品，導致能夠上架商品數量，十分有限。網路書店，使得百分之九十八的商品，都上架的機會，都能夠創造銷售業績。因此，網路書店開始崛起之後，讓圖書通路轉型和長尾理論應用得以實現。

冷門商品雖然看似客群有限，沒有什麼賺頭。但是，長尾理論真正讓人驚訝的地方，在於它的「規模」。透過網路，可以打入數千種小眾的利基市場，再向下細分成更多種類型，成千上萬的商品，若百分之九十八的商品，都只賣出一、兩件，累積起來的利潤，照樣驚人。最大的利潤，來自最小的銷售額，這個理論的發現和驗證，對於出版公司的經營和發展來說，無疑是非常重要，而且關鍵的。

五　無價之寶究竟值多少錢？

一個作品的誕生是神聖的，它是創作者嘔心瀝血的結晶，就像是新生兒降臨人間，即受到人權的保護，出版作品也受到版權的保護。創作者完成創作之後，應該也捨不得藏私，想要它早點面世，所以作家和作品應當是入世的，縱使作品在心裡無價，作家還是得為其世俗價值做安排。然而，要怎麼幫自己的作品爭取到它應有的價值，這對於創作者來說顯然更是一件極度艱巨的任務。

過去我對於出版品賺錢的方式有誤解，以為是作品在市場上賣多少，就決定創作者賺多少。這樣的想法不能說有錯，但也不全然正確。

嚴格來說，作者透過作品賺錢的方式，可以理解為把作品授權給自己以外的單位使用，然後從中賺取著作權使用費，也叫「版稅」或「版費」。版費是發行人付給著作人租用其版權的費用。付費方式依合約實行，可分為買斷制和結算制兩種。而結算制，還能再細分為依印刷量或銷售量結算的「印量結」與「銷量結」。每種結算方式，都各有其優缺點，偏重的利益對象不同。所以主要還是看出版商與作者之間，如何取捨和協商，看誰願意承擔更大的風險。最後，相對折衷的辦法，便是「預付版稅」機制的產生。即出版者在正式出版前，必須先將版稅的一部分支付給作者，通常不少於預計版稅總額的百分之五十。預付版稅對出版商來說，雖然在作品未出版前，要承擔利息成本與出版風險。但是，與印量結的方式相較，卻能減少初期版稅成本的支出，且有利於跟作者雙方之間的議價談判。而對於作者來說，議價談判的過程中，可能面臨讓價的損失，但與銷售結的方式相較，可以預先拿到一半的費用，某種程度上則是減少了風險。在議價談判時，或許也可以爭取到更好的版稅條件。只不過在預付版稅後，第一次結算的時間，就拉得更長了。「預付版稅」的作法，雖說從不同的角度看，都各有利弊，但仍然是個容易雙贏局面的作法。

在討論關於版費的課堂上，最讓我印象深刻的莫過於被晏瑞老師突襲點名，到臺前演練，模擬菜鳥作家與出版社協商的過程。要用多高的金額，來把自己的作品「賣出去」？由於我對出版作品這件事，根本毫無經驗，就像是一個對於市場行情完全不知根底的菜鳥作家。當「出版社」開出四十萬買斷版權的價格，「我」會怎麼決定自己作品的價值呢？這樣的價格是高的嗎？還是其實太低？知名作家的作品一般值多少版費？頓刻間我已經無助得汗如雨下。同時，在這樣的模擬過程中，我也深刻體認到作家在與出版社協商、談判的困難之處。

作品是作家的心血結晶，在心中是無價之寶，所以自然不想委屈自己的寶貝，希望為它爭取到合理，甚至更高的價錢。只不過，在議價談判的過程中，還得兼顧報價是否過高，導致最後合作破裂的風險。畢竟議價談判的過程中，策略的運用，一旦脫離市場行情，高於其它知名作家所要求的費用時，反而容易被出版社看破手腳。

在這樣的模擬情境中，老師設計了各種不同的情境，循序漸進地帶我們了解版稅計算、談判、溝通與給付的運作機制，並親身體驗作家和出版社在商談作品出版時，各自的難處，真的是永生難忘。

以圖書出版來說，計算版稅的必要元素是定價、印量或銷量與版稅率。版稅率是指用於計算版稅數額的百分比，其大小直接反映出版稅的高低。「版稅率」在自由的出版市場上，並無統一的規定，多半是由作者、著作權擁有者或代理人與作品的使用者，通過談判，達成共識。其中，必須要慮作者的知名度、作品種類、內容品質、印刷數量，以及潛在的市場需求，還有所授予權利的專有程度……等等，諸多因素。

在溝通的過程中，不論版稅的標準或支付辦法，完全依照市場機制來進行，過程中作者與出版社之間，往往會因為認知不同，造成溝通上的困難。例如：作者可能不善溝通，或不諳市場行情；出版社可能為了降低成本，減少風險，而立場強硬，結果造成雙方不快。這部分的狀況，我在課堂的模擬上，有著非常深刻的體會。

六　求新求變，永遠年輕的出版產業

從作者和出版者協商版稅，再到出版社處理編輯的各項任務和印刷工作等等，歷經前置作業的重重困難，作品終於成為出版品要到市場上面世了。這並不代表往後的程序就會一帆風順，相反的，出版產業的硬仗才剛剛開始。

前文所述及市場的「藍海」和「紅海」，是出版品進入市場後，要面對的第一顆直球。市面上，可能有部分產品，一開賣就賣到斷貨，之後還可以再刷發行二、三、四刷，甚至再版更多的。但這並不是常態，更多時候，出版品要面對的是滯銷的狀況。在市場上賣不出去的出版品，最後只能退回出版公司的倉庫。以圖書為例，如今出版和發行所面對的困境，遠不止銷售週期短，退書率高的問題而已。如果根據傳統模式進行印刷鋪貨，最後就會累積大量庫存，進而衍生出高額倉租、倉管等隱性成本的增加。

出版一本書的過程中，需要請人進行校對、排版、設計封面等等，過程繁瑣，每個環節幾乎都沒辦法省略。因此，編輯一本書需要大量的人力成本。書籍編輯完稿後，還需要印刷費、倉儲費、物流費等，種種費用。導致初期投入成本高，而圖書銷售困難，造成回收效益低。

在銷售上，出版公司很少會直接面向消費者，中間還需要經過層層經銷商。圖書定價是固定的，以致於銷售層次越多，最後所獲利潤就越少。成本降低不易，銷售提高也困難的情況下，由此便足見出版產業的辛酸。

要存活就要順應時代的轉變，所以出版商也必需實現轉型。既然無法簡化出版的流程，那就對程序進行優化。以萬卷樓為例：首先想到要解決的就是新書出版，造成庫存積壓的問題。要控制庫存的數量，避免倉儲成本無限量增加，最簡單的方法，就是減少印刷量，降低新書的出版成本。固定印刷單價也很重要，這樣有利於整體出版效益的評估。減少印刷數量的具體做法，就是依實際的銷售需求，來決定印刷數量。所以萬卷樓選擇結合網路電商，減少實體門市的鋪貨，並且導入直效行銷，減少分銷層次，確認有效客戶。萬卷樓直面消費者者的作法，不僅能提高銷售獲利，同時也能有效降低無謂的運輸成本。其次，由於科技進步，網路時代的興起，出版商也必須結合數位出版，轉換紙本需求，進一步省去印刷的費用。第三，則是進行離散式的佈局，把銷售市場和通路打開到全世界，透過全球化的銷售，擴大市場的基本盤。轉型後的萬卷樓，一方面解決了庫存積壓的問題，同時也減少了隱形成本的產生，並且進一步有效平衡資金運用，增加了流動資金的額度，可以出版更多的書籍。此外還結合長尾理論的應用，盡可能地拓展產品的種類，創造規模經濟的發展，轉型效果顯著。

面對市場，出版產業的轉型，是必然會發生的。所以，出版商需要早早改變自家的出版策略。書籍是奢侈品的時代來臨，意味著不能再固守著傳統的印刷模式，為了避免積壓庫存，按需求量印刷是必然的途徑，而這樣的印刷模式成本較高，因此圖書定價，必需隨之調整。出版商可以提高書籍定價，降低通路折扣，以協助圖書銷售。電商市場的崛起和物流方式的發展，導致實體書店市場衰退，網路書店興起，銷售通路轉移。未來，出版商有機會建立圖書「出版、印刷、銷售」一條龍的模式，圖書出版系統將趨於成熟，與數位出版結合。未來，再搭配建構離散式印刷設備的佈局，實現全球化經營的銷售模式，正逐步的誕生。

七　結語

很多人都說出版產業已經是夕陽產業，但只要匯入新的思路、技術，且勇於跨界，轉型得當的話，必然可以讓眾消費者耳目一新。其中，多元化出版創意的實踐，顯然是重要的。出版公司可以做多元化的經營，強調創意與內容的呈現。例如：建立多媒體內容，導入虛擬實景或混合實境的應用。這部分，對於圖書來說，還有一定的困難，那就是要如何讓科技與人文學科做結合？這讓我想到在大四曾有同學提議，國文系效法其它科系舉辦一次畢業展覽，呈現畢業生四年來的作品。但問題是，書法作品或篇幅較短的新詩尚且能讓人駐足觀看閱讀，但篇幅更長的散文、小說或劇本肯定讓人望而生畏，「純文字」沒有辦法在短時間內給人最直接的感官衝擊，或者換個說法──現場的「爆發力」不足──。如果有辦法結合數位多媒體的呈現，想來效果並不會太差，而且能讓人耳目一新。我想企業有更大的能力或更充足的資源去實現這個挑戰。除此之外、跳脫舒適圈去落實全球化經營、實現兩岸乃至全球合作、技術整合與內容跨界呈現的文創商品等等，都能協助出版商開創無遠弗屆的藍海新市場，完成產業的轉型。

在課程中，老師提供的「新觀念」讓我印象深刻。他說向文化創意產業發展，就是從傳統出發，大步走進新時代的道路。只要勇於改變，人類永遠都有知識內容的需求，出版產業定然是一個「永不落日」的行業。

出版產業，現正編輯中

林佩萱
國立臺灣師範大學國文學系

一　前言

對於一個大四的學生來說，最煩惱的，莫過於未來應該如何發展。不管是繼續深造，就讀研究所也好，或者決定出社會工作也好，都不失為一種選擇。但是學校與職場畢竟仍有一定的區別，尤其在後疫情時代，對於新鮮人而言，要快速找到一份合適的工作，相對困難。剛好系上在這學期，開設了「出版實務產業實習」課程，讓我有機會在正式進入職場之前，先從中學習並累積經驗。

本身國文學系的背景，自認為對文字有一定的敏銳度。而在高中時期，我也因為社團的關係，接觸到有關編輯與出版的基本知識。因為有過編輯實務的經驗，對於編輯工作也有興趣，所以我認為這門課並不是很難上手。

但是在編輯的理論與實務兩方面，所學的遠比之前多出非常多，不僅加深而且加廣，對於牽涉到的議題，也有更全面、更具體的理解。因此，不只是我的技能有所增長，更重要的是打開我的視野，去了解「實際上的」業界現況，而不是把對出版產業的印象停留在過去。

課程分為好幾個不同的主題，不管哪一項都與出版產業息息相關。不能說自己對於每個單元都有深刻的理解，但也是盡力將我所看見、所聽見的，都內化成自己的知識，並且最大化的應用在實務操作上。

現在實習課程也將告一段落，試著將自己的心得轉化成文字，呈現我一路走來的學習成果和心路歷程。

二　產業發展與經營

現代的出版產業，在科技不斷進步之下，已呈現出與過往不同的面貌。資訊爆炸，知識傳播非常快速，人類無法單純仰賴紙本書，去獲取所有知識。因為電腦能乘載的訊息量遠遠比紙本大得多，並且搜索、閱讀等動作，都能在一臺機器上快速完成。

根據這樣的情況，紙本書的需求自然會大幅下降。與其關係緊密的出版產業，因此受到很大的衝擊。很多出版社經營不善，入不敷出而倒閉。有的人說，做出版業，本來就不是為了賺錢，而是有更崇高的目標。但我認為，出版人可以說是商人的一種，或者說，出版人並非典型的商人。

既定印象裡的商人，是很功利主義的。如何能將利益最大化，是其唯一的目標。之所以說出版人是非典型商人，原因在於，出版人的目標不只有利益，還有傳播文化、知識等理想。要做一個成功的出版人，兩者的身分，基本上要同時兼具，不可分割。

既然出版人是一種商人，那麼商人的工作就應該要賺錢。但我認為，除了賺錢之外，還是存在著其他的目的。以出版產業來說，我認為「出版」行為，規模若是擴大到足以成為一個「產業」，那麼其中涉及「利益」的重要性，就會大幅提升。因為一個產業所牽涉到的層面實在太廣。以一本書的完成來說，遠遠不單純只是文字的美化，還仰賴美術設計的包裝。如果要讓它傳播得更遠，就需要行銷。如何做行銷、在哪裡行銷，這些都需要計算與規劃。因此，成就一本書，背後所使用到的人力、物力，都需要金錢來維持。不能夠理想化，單純認為書本承載著「知識」、「文化」的神聖性，就忽略掉一切成本。畢竟，社會上的每個人都需要生存，所以不能將出版產業視為慈善志業。

確定了這樣的原則，在科技化的浪潮之下，就要懂得改變傳統的思維模式。例如：控制庫存，避免大量印刷；減少退貨，降低通路舖書數量。利用以數位印刷的新技術，做到根據需求來製作產品，如此減少成本，便是提高獲利。同時，因為網路購物的興起，出版社可以積極開發相關通路，利用網路銷售，符合現代人的消費習慣。

於書籍本身，必須訂定有效的企劃。有了明確的產品定位，才能夠有相應的策略。不能一味地跟著潮流走，在一窩蜂的情況下，競爭激烈，所能夠得到的獲利，自然就不會太多。但也要避免出現「曲高和寡」的情形。總之，推出一本書的產品之前，要先思考「出版這本書」的意義是什麼？唯有能夠說服自己，才能說服他人。

雖然出版產業不像一些新興產業炙手可熱，但不需為此而焦慮。我們可以做的，是根據現在的情況，重新塑造產業的樣貌。在每一個步驟上，做出小小的改變，避免被時代的洪流所吞噬。

三　版稅與出版合約

版稅跟版權，對於出版社與作者雙方都至關重要。我起初認為「版稅」是「固定」的，可能會因為字數的多少，才有高低之分。上過這堂課後，才發現這些費用的計算，完全是市場機制來決定的。

我認為版稅的給付沒有硬性規定的好處是「市場經濟」的自由化。出版社與作者能夠就彼此的需要，共同協商，最後訂出出雙方都能接受的方案。雖然說有所謂的「市場行情」在，但若不是有名的作家，在版稅談判的主導權上，通常都受制於出版社。即使如此，身為作者，還是要了解版稅計算的方式，熟悉版稅的市場行情。才能夠幫自己爭取到最好的條件。

在課程中，晏瑞老師安排了一場與同學共同演出的行動劇，讓大家身歷其境，看到版稅談判的過程。從演出中，可以發現，影響版稅的因素真的很多。除了作家本身的名氣之外，也可以利用人情上的壓力，幫自己爭取較好的條件等等。但是，每個作者對於版稅的想法與支付方式各有不同。不管是哪一種方式，都各有利弊，只要雙方都能接受，也能夠按照合約履行的話，基本上應該不會爆出太大的糾紛。

「合約」是出版社與作者雙方保護自身權益的工具。藉由合約的約定，能夠約束彼此，若任何一方違約，也能依據合約內容尋求法律的協助。但是人人都知道打官司是很麻煩的事情，所以非重大侵權事件，多半都是息事寧人的作法。若侵權的一方遠在國外，要跨國興訟的機率也是很低，畢竟跨國興訟成本不貲，即使告贏了，得到的賠償未必能夠支付相關的費用。此外，作者是否願意配合出版社進行訴訟，也是必須納入考量的因素。

另外，在版權保護的課題中，老師在課程上有提到「公共借閱權」的問題。我認為這個制度很好，是一種保障作者權益的方式。但由於發展尚未成熟，因此每個國家的實施方式有很大的差異。對於這個議題，個人在公共借閱權的「支付方式」上，有一點想法。我認為在正式出版前，可以先詢問作者的意見，若是作者本人認為不需要這筆費用，那麼政府可以將其作為藝文活動的資金來源。這樣其實也能活絡國家的文化發展，不失為一種好的方式。

版稅與合約，對我來說，是過去從未接觸過的一個主題。聽起來雖然很枯燥，但卻是出版實務中，重要的一環。唯有保護彼此的權益，才能夠讓這個產業在健康的環境下蓬勃發展。此外，這個單元的安排，讓我在課程中，學習到一些基本的法律概念，對於未來出社會，會很有幫助。因為課程中所提到的幾個重點，很多都是可以應用到生活中的，並非單純侷限在出版工作而已。

四　出版實務操作

既然這門課的名稱裡有「實務」二字，就免不了要實際操作。課程中，我們所做的事情，其實很多樣化。從基本的校對，到申請書號，都有機會實做。這是我在課程中，最喜歡的部分。即使有時候會感到很挫折，但也很快地就能找出解決辦法。

（一）打字工作實務

就我個人來說，最得心應手的實務工作是「校對」。但是，在校對之前，老師先安排我們體驗「打字」的行業。在出版產業裡面，有專門的打字人員，即使在科技發達的現在，大家都會自己打字，或是文字辨識，但傳統的打字行業，仍未消失。有許多古籍，或者是早期文獻，即使已經是成書出版的著作，或是作者的「手稿」，只要沒有「電子檔」，而要進行編輯出版，就必須透過打字的方式，錄入到電腦。

對我來說，打字所遇到的挑戰不只一項。我打字的速度並不是特別快，加上我對簡體字實在不熟。不巧，我分到的是簡體字的文章，有些字一時之間，無法辨認出對應的繁體字。加上早期的文章，在遣詞用字與標點符號上，與現代的行文習慣又有出入。種種原因，讓我在打字工作上，吃足了苦頭。

但被作業逼著實作後，我發現打字的工作，不能太過糾結正確性，不能回過頭去校對，不然根本打不完。同時，也不能太糾結標點符號或異體字等等的細節，一切先把文章打完再說。若是文章中有很多生僻字，能用倉頡輸入是最好的，因為注音輸入法，真的很難應付打字的工作。後來，在老師總結作業時，我才發現打字小姐真的不會去管那麼多細節，他們按字數計酬，是無法做太多附加服務的。

有了這次的經驗，我真的非常敬佩每一個按時交稿的打字人員，但我肯定不會投入打字行業這項工作。我也了解，編輯在外包打字時，不能期待他們做太多額外工作。

（二）校對工作實務

「校對」對我來說，可以說是相對輕鬆，卻也相對不輕鬆的工作。校對最基本的工作，不外乎就是錯字、異體字或標點符號等的正確性。但我覺得這關乎每個人對文字的敏感度，而有難易之分。若是平常就有注意使用的正確性，那麼校對速度就會相對快很多。

令我感到比較棘手的是異體字，雖然有 Word 軟體有「取代」功能，可以幫助我快速取代修正。但凡事總不盡如人意，例如：出現在名字裡的異體字，就會讓我糾結很久。另外一個難題則是標點符號，我印象非常深刻的是，文章中作者沒有將著作的書名號及篇名號標示出來，在校對過程中，必須補上。於是我就要將每一部作品的名稱都上網搜尋一下，確認到底是篇名還是書名。

我在校對時，秉持的原則就是「遇事不決，統一即可」。因為校對的流程不只一次，若是之後發現需要修改，透過「取代」的功能，真的很方便。（編按：這一點，需要特別留意，以免因為疏忽，造成取代錯誤的情況。）或許我個人有點強迫症，所以文章校對後，看到體例統一，全篇文章整整齊齊的時候，我就會覺得之前的煩躁都很值得。

這些文字內容上的校對技能，不只是在編輯實務的工作上，在其他課程的報告或作業中，也很常會運用到相關的技能。此外，在校對工作中，還有一項是，關於稿件「版面」的整理工作。這一點，是我比較陌生的。因為經驗不足的關係，所以面對排版後的稿件，還不能有效的感知好壞，或是否需要修改。所以還只能很粗淺的辨別，不能馬上就看見問題點，這是我必須再練習精進之處。

（三）企劃撰寫實務

在本次課程中，安排的一項作業是「出版企劃書的撰寫」。老師為了讓我們認識出版格式，並且將重點放在書籍內容的篩選上。因此，提供了一份現成的企劃書，讓我們依照現有的格式、資料，去進行改寫。

這項作業不難，但還是花了我不少時間。原因是我在主題的選擇，以及篇目的挑選時，猶豫了好久。我希望策劃的主題符合目前的潮流，同時也希望這是具有創意的「紫牛產品」。但企劃的過程中，遇到很多挑戰。一是要找到合適且符合主題的文章不容易。二是我無法確定我設定的讀者，會不會接受這樣的主題。畢竟，在創意的發想當下，構想確實略偏離了雜誌的主軸，在無法保證是否能開發新的受眾讀者的情況下，我仍希望先鞏固好原有的客群。透過實際撰寫的過程，我發現做企劃時，單方面的設想是不夠的，還需要考量各方面的因素，例如：考慮客群、市場環境等，根據當下的狀況，思考該企劃的優勢與劣勢，並逐步解決問題。我想，真正的企劃編輯，在這方面，也是傷透腦筋的吧。

老師在課程中提到，一個企劃的成功與否，沒有任何一個人能給出確切的答案，雖然做什麼樣的企劃都一定有受眾，但是出版社追求的仍是利益的最大化。在這樣的考量下，我放棄了原本的創意選題，保守的操作這次的企劃工作。不曉得那些在出版社的企劃編輯，遇到困難與衝突時，會不會跟我做出同樣的決定。

我覺得企劃書的撰寫，是所有作業裡最能夠讓同學發揮的一項。從企劃書的撰寫中，也能夠看出每個同學的想法，以及切入思考的角度。這也是不限於出版產業的一項技能，能夠運用在不同的職業與場域。

（四）新書資料的填寫

一本書出版後，要發行前，必須填寫許多資料。才能夠在博客來等網路書店，呈現出本書的 ISBN、作品簡介、推薦序、內容試閱等等的資訊。

此外，申請國際書號（ISBN），也要填寫好多書籍資料。ISBN 就像人類的身分證號，書籍也有他專屬的，國際通用的號碼。因此，就有了這個填很多資料的作業們，這些作業都是書籍出版前的幕後工作，往往是不為人知的。

其實，這不是很難的工作。基本上，只要根據手上擁有的資料進行填寫即可。但最大的問題是「害怕填錯」，或是害怕「內容不適合」。例如：在網路上能看見的作品、作者簡介，我們都要嘗試去填寫。平時瀏覽網站時，對於這些書籍資料的欄位都只是快速看過。等到要自己要填寫的時候，反而不知道如何下筆。所以我就開始去找性質類似的書籍，作為撰寫的參考。

在博客來瀏覽幾本書後，發現有的很活潑，甚至可以說是搞怪；而有的就比較簡單、明瞭。這是要根據作品的性質去考慮的，寫得好的話，或許還能創造出話題，吸引更多想購買的讀者，是很彈性的欄位。

而 ISBN 的申請，相對來說較為制式化，內容、規格等都要清楚標示，也要附上一些資料給國圖，因此我在填寫時，不免戰戰兢兢的，深怕有地方缺了漏了，那麼後續處理會很麻煩。

這對我來說是編輯工作裡很新鮮的一環，畢竟以前都只看得到結果，卻不知道背後的運作原理，還有一些申請與上架需要注意的細節，編輯實務工作，都是「讀者」這個角色無法體會的。

（五）其他

在這堂課的實務操作上，我所學到的東西，並不是只有以上所提及的部分。還有很多是隱藏在細節裡，不太會被注意到的技能，以及在職場工作中，所必須要具備幾種工作的正確觀念。

我體會最深的是「溝通」。有時一個很小的問題，想要先詢問其他同學的意見，那麼就要思考如何把問題正確地傳遞出來。又或者是信件的往來，要怎麼寫才得體？對方是否能光看文字就能理解我的問題？都是我會考慮的點。

雖然一開始真的很害怕寄信，還為此上網查了很多資料。但是多練習幾次之後，就會知道「要怎麼寫才能清楚明瞭，同時又有禮貌」。根據自己與對方的關係，還能稍做變化，這都是一般的課程中，不太可能會教的事。

在課程中，老師不斷地提醒我們，在實務的操作上，如果有疑慮時，就應該適時的提出，而不要埋頭苦幹。或許會害怕、會擔心開口詢問對方是否感到困擾。但是，透過提問而有效率的解決問題，反而比自己一個人苦惱來得好。同時，也避免了出錯的可能性。

實務工作，不同於理論的地方是可以驗證自己是否真正了解，並且從中累積經驗，以供日後參考。藉由本文，紀錄一些實作上的心得，希望未來的自己，能夠比現在更好。

五　結語

一位好的編輯，究竟該是什麼模樣？我想每個時代都會有不同的答案。在開始實習之前，我認為編輯只是把關書的內容，亦即做好最基礎的校對工作，頂多再向外擴張到有關排版、設計的部分就結束了。在課程進行當中，我逐漸了解到編輯的工作遠不只如此。

「編輯」一本書，牽涉到的層面非常廣，聽起來就很累人。但多樣化的工作內容，反而顯示出編輯與書籍之間的緊密關係。編輯工作，仰賴大量外包，或許不用自己處理所有事務，但是必須了解每一個流程的工作與細節，知道工作背後的運作原理，了解如何與每一個外包窗口溝通。也就是說，在每一個編輯的步驟中，都有編輯的角色，他的技能是多元化的，幾乎什麼都要會一點。

在實務的操作上，我自己的體會是，軟實力比硬實力來得更加重要。編輯校對的方法，或許可以很快上手。但是，應對進退與正確的思考模式，則需要透過長時間與大量經驗的累積，才能夠養成，這是書本上學不到的。

在這次的實習課程裡，不敢說自己學得有多麼精熟。但的確是了解到出版產業的概況，並思考出版產業在過去以及目前所面臨的問題。同時，也了解到編輯的流程，知道一本書是如何編出來的。透過實作的經驗，讓我再次確定我對相關的編輯工作，具有一定的興趣。對於職涯探索，有莫大的幫助。即使未來的路充滿不確定性，但是我會將課程上所學的經驗，應用在各個不同的領域。

穿梭於萬卷中的實習之旅

林昀萱
國立臺灣師範大學國文學系

一　前言

剛升上大三，我對於未來的職涯尚無明確的想法，想著只要是有興趣的活動，便多方嘗試，盡量參與。且我喜愛閱讀，對於產出一本書究竟要經過哪些過程也有所好奇。雖然，對於出版毫無基礎知識，但仍帶著微微不安的心，選擇出版實務產業實習這門課，進入萬卷樓圖書公司實習，也因此意外收穫了豐碩的成果。

二　課程內容

此次實習課程的目標為「培養新時代編輯人才，將文科知識融入業界實作」。因此，多以實務操作居多，讓學生實際與業界工作接軌，參與出版品的編輯過程，包含企劃、校稿、印刷等流程，產出帶得走的成果。

本學期總共接觸兩本書籍，一本是「出版實習心得」，也就是這本《不畏虎——打虎般的編輯之旅》，主要是負責撰寫跟排版的工作；一本是《臺灣經學家選集》其中一卷的分組編輯，從零開始體驗一本書的製作過程。此外，還參與了《國文天地》雜誌即將出版文章的校對工作，內容豐富多元，且實務操作，並非空談理論。面對出版社實際要出版的作品，讓我們能夠直面出版會遇到的各種難題。雖然，開學初期，受到疫情影響，以在家工作的任務性實習為主。卻仍是一次難能可貴的實習經驗。以下分別依照主題，整理課程中的內容，和心得感想。

（一）出版產業不是慈善事業

廣義的出版是指：「將作品通過任何方式『公諸於眾』的行為。」狹義的出版是指：「將出版品（具有國際書號的作品）在市場上流通與販售。」流通不一定是販售，反之亦然。「公諸於眾」可免費，也可付費。就算是路上發送的免費小冊子，也算是一種「廣義的出版品」，因為它有「公諸於眾」的行為，不一定要涉及商業行為。

出版品是「以傳播資訊、文化、知識為目的的各種產品。包括：印刷品、電子產品的總稱，是傳播文化知識的媒體。」因此，包括沒有商業行為的傳單、書籍、作品等等，都可以算是出版品。另外，「出版」一詞的來源，是從過去出版圖書，必須經過雕刻木板的過程，以供印刷。書籍出版前，先雕版，而稱之為出版。

以出版工作為主的生產或銷售領域，稱為出版產業。涉及這個產業工作的人，都可以稱為出版人。而我認為每一個出版人，秉持的理念都有所不同。大部分可能會以一個理念為中心，去發揚，並從中獲取利益。畢竟任何宣傳、營運等行為，若想要擴大規模或造成影響的話，很多地方都必須要動用到金錢，才能夠維持這個產業持續運作。因此，出版工作不能夠避談錢，「賺錢」是產業能夠永續經營的動力。

老師在上課中提到：「開門就是要做生意！」如果不賺錢，便很難朝自己的理想前進。出版產業並不是「慈善」產業，如果只談理想，不考慮成本與收益，是很難永續經營的。當然，如果只是一味的付出，而沒辦法獲得報酬的話，我相信很少作者，或出版工作人員，會全心投入這個產業。在「沒有錢」的情況下，人們首先就無法支撐自己的生活，更遑論傳遞某個理念或價值。

因此我覺得，出版業的文化傳承和賺錢並不是取捨問題，而必須要兩者相輔相成，才能讓出版產業創造出更豐富、更長遠的價值。

（二）出版產業的發展歷程

早期的書籍載體有：甲骨、鐘鼎、簡牘、絲帛等型態。自從蔡倫發明紙張後，書籍載體獲得了第一次巨大的改變。

到了唐代，由於雕版印刷術的成熟，讓書籍能夠快速複製。但即便印刷技術進步了，造書仍需要動用大量人力、物力。因為，取得合適雕刻製版的木材並不便宜，加上雕版需要大量人力和時間。因此，出版一本書，往往斥資甚巨。到了宋代，有活字版印刷，初期製作活字的開支，也是十分巨大的。直到明代，經過長期活字印刷的積累，技術越來越進步，成本也逐漸變低，私家刻書行業才能夠興起，出版產業開始進入市場化，普及化的時代。

由此可知，在過去出版是一個耗時、費力、花大錢的工作，不是一般平民能夠負擔的。經過多年的累積，搭配合適的載體與技術，才使得知識傳播更加快速、方便。即使到了今天，技術更加的發達和便捷，出版一本書的背後，仍需付出不少心力。我身為一個喜歡看書、買書的人，在瞭解這些出版相關的歷史後，在對待每一本書時，也會更清楚其背後所代表的意涵，與其歷史的重量，能夠用不同的眼光去看待手上的每一本書。

（三）出版產業與書展活動舉辦

通常書展攤位的租金較貴，也不一定能夠回本，因此許多出版社不會將資金投入在短短幾天的書展上。如萬卷樓便有多年沒有參加臺北國際書展的舉辦。

而書展的舉辦，通常由出版協會、發行協會、版權協會、商業公會等出版社團，號召各出版社一同參加。當有大量的出版社一起參與時，書展活動可以進一步拓展為對外的交流、合作的平臺。

至於宣傳的部分，書展若使用網路宣傳，其實效果並不好，原因網路訊息太多，要將書展訊息精準投遞到想要參加書展的讀者受眾，較為困難。但儘管如此，我們綜觀目前的書展活動宣傳，仍大量使用網路行銷。其實是考慮到成本效益的問題，網路行銷的成本較低。若要用：電視廣告、捷運車廂、公車車體廣告等宣傳方式，則需投入巨大的資金。以出版產業來說，書籍的銷售利潤很有限，使用網路行銷仍是較為經濟折衷的方式。

而書展的規劃，主要有場地布置、活動安排、貴賓致詞等等。在場地布置部分，在書展布置前，需先丈量場地的大小，才能開始安排整個書展的活動區塊與動線規劃。在活動安排上，開幕式對於書展來說，是十分重要的環節，因此需要仔細地處理。尤其是交流型書展，更要注意對等與尊重。

以金門書展為例，因為與會嘉賓來自兩岸，雙方在書展中，如何表現對等關係，必須妥善安排。此外，貴賓致詞的部分，在也必須斟酌文字與名稱的體現。這些都必須謹慎對待，才能夠在活動中，落實相互尊重的安排，避免造成不必要的爭議，讓書展舉辦的美意打了折扣。

（四）新技術的應用與發行新思維

圖書的定價是固定的，越多層次的銷售，利潤會逐層瓜分，每個階段獲得的利潤，也就會越來越少。在銷售流程中，物流商往往是最大的獲利者。因為每個銷售階段，都涉及物流運輸。出版社作為內容生產者，在圖書銷售的流程中，承受了最大的壓力，所獲得的利潤，竟然是最低的。

面對削價競爭，造成出版產業獲利太低的狀況。臺灣文化主管機關的官員，提出要仿造法國、德國，推出圖書只能照定價賣，不可以打折的「圖書單一定價制」。此想法被提出後，出版業內形成了兩種不同的聲音。贊成方認為，此政策能夠幫助產業內的廠商，獲得更高的利潤。反對方則認為，該政策對出版產業的幫助不大，現在連打折的書都賣不出去，一但政策推出後，對銷售量一定會造成更大的衝擊。而且就算檯面上的政策規定如此，在自由市場經濟下，出版社為了生存，也可能偷偷打折，最後產生許多糾紛。由此可見，目前的圖書銷售市場，「打折刺激買氣」是書籍行銷活動中，很重要的一環。

現在出版產業面臨了許多困境，如書籍滯銷、庫存增加、紙書銷售下滑等。面對這些問題，老師在課程中，分享了萬卷樓解決這些問題的方法。萬卷樓為了控制庫存，較早嘗試「數位印刷」，以降低庫存數量。新技術的應用，讓萬卷樓得以控制「出版成本」。由於初次嘗試數位印刷後，解決了當前的問題。便進一步嘗試透過「數位印刷」這個新技術的應用，去創造其他附加價值。例如：印刷單價固定後，有利出版效益評估。可以精準地掌握成本與收益。並且進一步結合網路電商的銷售通路，減少店頭門市的鋪貨。減少鋪貨退書造成的庫存積壓，也降低鋪貨的物流成本，將書籍直接運送到消費者手中。老師說，這個方式他操作了十年，現在公司正在嘗試結合數位出版的特性，並嘗試離散式設備的布局，提高全球化的銷售，擴大圖書銷售的海外市場。

萬卷樓之所以採用這樣的技術，乃是因為數位印刷不須經過製版的過程，因此可以達成按需印刷的需求。但傳統印刷因為「製版」的工序，印刷有基本數量的門檻，要大量印刷才能夠攤提成本，才會划算。但是數位印刷的單價成本較高，萬卷樓透過在定價策略上，提高書籍定價，降低通路折扣，反而有助於圖書銷售。此外，萬卷樓也嘗試改變銷售通路，透過網路銷售，直接將書賣到消費者手上。改走電子商務的作法，讓萬卷樓避開了店頭市場的衰退，也擺脫經銷商的剝削。

至於未來的發展，晏瑞老師大膽的預測，出版產業將產生圖書、出版、印刷、銷售一條龍的經營模式。紙本出版和數位出版逐步完成整合，並結合數位印刷的技術，搭配全球化銷售，和跨領域的合作。出版產業若想要在紙媒體的轉變下求得生存，就必須要勇於嘗試不同的方向。

（五）內容產業與出版企劃

出版產業，是內容產業。現在因為創作平臺的改變，許多作家開始轉移至網路發表作品。因此，出版社必須結合網路市場，去開發新的作家。出版社面對當今這個數位化的時代，不能再固守舊有的選題模式，必需結合更多的創意與想法進行跨界整合，呈現更多元的出版創意呈現，比如現在結合廣播劇、音樂等形式，或是附上影片等，脫離單純的紙本書，建立多媒體內容。

近年來，由於文化創意產業的推廣，部分出版產業的知識內容，已脫離擴大到數位內容、語音導覽、品牌經營、動漫產業、影像閱讀、文化行銷、文化鑑賞等部分，往文創領域跨域發展。另外，文學作品的出版，若結合電視劇或電影的拍攝，並進一步結合觀光景點的行銷推廣。既能夠爭取到更多的授權金並籌募更多的資金來源。也能夠帶起相關景點經濟，我認為這也是出版人可以多多思考的地方。

有了好的想法，就應該將他落實出來。老師說：編輯企劃力就是產業即戰力。做一個編輯，必須要將知識與技術，轉化成能力。而這些能力，大致包含：文案創作、人際互動、表達呈現、情緒感知、文字表現這六項。其中，老師認為編輯最重要的能力，便是「溝通能力」。有好的溝通能力，才能夠協調各個協作的單位，把作品以最好的方式面世。與作者一起，將作品出版，創造出最大的價值。

出版作品的內容，可以是特定或廣泛的主題。此外，也必須呈現出作者自己或想要傳達的信息。常見的文學創作與出版主題落實在：愛、性、神、母親、復仇、孤獨、現實、婚姻、貧窮等等。在文學作品中，主題的呈現，不一定是直接的，多半會以互相交疊的方式，形成錯綜複雜的劇情。但還是可以找出一個最核心的主題價值觀。

老師在課堂中提到，出版對作者創作來說，意義重大。創作的目的，不會是創作完作品後，自己偷偷的閱讀。多數作者，會希望公諸大眾，以表達自己的想法。由於網際網路發達，現在已經是「內容為王」的時代。對作者來說，誰能夠創造好的內容，誰就掌握了發言權。對於出版社來說，如果能夠策畫一個好的主題，尋找優質的內容，也就在時代中找到自己的定位和角色。

在出版企劃中，如何做好圖書主題的選擇呢？老師在出版企劃中，分享了三個核心思維：一、藍海策略：努力開發沒有競爭的內容，避開與對手競爭，或使競爭無關緊要，創造新的需求，迴避同類型產品的競爭，提高客戶獲得的高性價比並降低產品成本，總而言之，即不要使用同類型的產品和對手競爭。二、紫牛產品：即有特色，能夠脫穎而出，且卓越非凡的內容。三、創新模式：思考、尋找別人忽略的，創新的內容，不去害怕策畫沒有人接觸過的主題，雖然臺灣的出版產業喜歡跟風，害怕落伍，但製作無人開發過的主題，才能夠使讀者產生興趣，進而刺激銷量。

老師選擇了一個很有特色的「智園出版社」為例。出版社成立的目的，是為了服務特殊教育兒童的父母。一開始，出版社累積了眾多的讀者群，成為特教生父母間，耳熟能響的出版社。雖然是小眾市場，但影響力很大。之後該社為了擴大市場佔有率，出版選題拓展至：設計、財經、養生等市場性圖書。這樣的改變，並沒有達到預期的效果，反而使出版品變得太過紛雜，失去原本的特色。並造成大量庫存累積，不只拖垮了整個出版社的財務，更使原本的投資者決定結束營業。這個例子，帶給我們一個重要的啟示，便是從事出版產業，一定要走出自己的特色，不能一味跟風。追逐出版暢銷書的思維，最終將導致了出版社的困境。

（六）長尾理論與出版新思維

現在有許多編輯在企劃選題時，往往跟隨著熱門的話題著走，或參考海外網路書店銷售的排行榜，尋找出版品的選題。但追求銷售排行榜上的暢銷書，真的就有助於出版後的銷售嗎？值得我們深入思考。

在課程中，老師提到長尾理論的應用。在網際網路的時代，並不是暢銷商品，才能創造出最多的利潤。種類繁多的長銷性商品，透過網路的曝光，以及物流的運送，即使每種書的銷售量有限，但累積下來的利潤，也是十分驚人的。

多數人的思維模式，都喜歡安定且人多的地方。但相對來說，這也是競爭最多的地方。從事出版產業，若能掌握藍海策略，嘗試創新思維，開創屬於自己公司的獨特領域，尋找具發展力的小眾市場，透過專業化的經營，便能透過品牌意識，灌輸給特定消費者，形成品牌印象，成為小眾市場中的佼佼者。

有關這點，老師舉萬卷樓圖書公司為例。該公司的創立宗旨是「發揚中華文化，普及文史知識，輔助國文教學」。出版的書籍偏向小眾市場，但客群清楚。主要是以：教授、研究單位、文史學系學生、圖書館、以及對此領域感興趣的讀者、對中華文化有興趣的外國人、作者的粉絲、親友、退休人員、公務員、知識份子等。這樣的客群，具備唯一性、獨佔性，只要掌握客群的需求，就能開闢屬於自己的市場。就算客群的範圍不夠大眾化，但也能夠維持出版社營運，走出自己的藍海市場，獲得相應的報償。

此外，老師又舉遠流出版社為例。該公司剛開始進入出版業時，文學書的市場已呈現飽和狀態。他們要在文學書的市場，得到好的成績，會很辛苦。因此，他們選擇了當時較少人關注的人文社科領域作為切入點。翻譯國外的學術書籍，例如：《天真的人類學家》……等，出版後讓人耳目一新，十分熱銷，也成功的闖出屬於自己的藍海市場。這些都是創新思維掌握藍海市場的代表例子。

（七）版稅的基本概念

一、版稅率：為圖書定價乘以一定百分比，再乘圖書銷售量或印刷量。此固定的百分比，反映出版稅標準的高低。版稅率的高低，除了要根據作者本人的知名度外，也會依據整個出版市場的景氣調整。出版社為了獲利，往往在與作者協調版稅時，也會拿出較強硬的態度。因此，作者於出書前瞭解出版稅的制定及運作，是一件十分重要的事。

二、版稅的支付方式：分為買斷制及結算制。買斷制即一次性買斷；結算制則會依據銷售量而定。

買斷制：分為無論賣多少都和作者無關的永久買斷，也可以約定一個時現限的限期買斷。對於出版社來說，買斷制的優點是成本可控制，缺點是初期投入成本高。而對作者來說，優點是無需承擔風險，可以直接拿到版稅，缺點則是無法享受到分潤。

結算制：於每年銷量統計後，依照銷量結算，作者可以要求提供庫存報表。對於出版社來說，優點為減少風險，初期投入成本較低，但手續較麻煩，且分潤成本固定，利潤也固定。對於作者來說，能夠議價較高的版稅率，分潤也會隨銷量增加，但結算金額受制於出版社，且需承擔一定的程度風險，在此情況下，作者通常會與較有信譽的出版社合作，才不會受到矇騙。

三、預付版稅：版稅結算制度下的折衷辦法，在雙方談好出版條件後，於合約簽訂、作品交稿或樣書印出時，出版社便先給付一筆預付版稅，對於作者來說即為一個保障，出版社也無須負擔太大風險。通常會付出預計支付版稅總額的百分之五十。而預付版稅的計算方式，從出版社的角度來看，優點是減少風險與初期成本支出，也便於雙方議價談判，但也增加了利息支出與出版風險。對於作者來說，優點是能夠先拿到一筆費用，且議價時可以折衷。缺點為在預付版稅後，第一次結算時間，便會被拉得更長。

四、版權貿易：實行版稅制度，能使智慧財產權獲得重視，並引入市場競爭機制，讓創作有價。而版稅的計算方式是國際通用的，受幣值浮動影響小，有利於著作權的保護，以及版權貿易的進行。同時，也在產業中，發展出一個專業的領域，如同經紀人一樣的版權經紀公司，又可稱為知識產權公司。

（八）履歷撰寫與輔導

除了出版相關的技能訓練外，老師在課堂上也教授了許多未來在職場上所需的技能，並指導我們撰寫履歷。

製作履歷，大家常會像病歷表一樣畫表格。實際上，表格式的履歷，雖然看似整齊，但卻會讓人受到表格框線的影響，不僅不好閱讀，也不容易凸顯個人的優勢與特色。

履歷撰寫使用條列式較好，也不須堆砌感情或文字，以理性、數據性的證明為主。因為人資主管看一份履歷，不會花太長的時間，如果要補充前述經歷的不足，可以透過自傳來說明，字數控制在三百字左右為宜。可加上生涯規劃，並表現出對工作的積極性。

履歷可以視工作內容，決定是否要放照片。若應徵的工作和外表無關，老師建議不要放個人照片在履歷上。因為，履歷的目的要呈現的是個人的表現和內涵，不要讓外表的第一印象，影響對於履歷的判斷。

透過履歷的說明，讓我清楚瞭解業界所在乎的履歷內容，且老師也於課後與每位學生面談，提供客製化建議。比如我的履歷在字形選擇、排版空行、用字遣詞等部分，便需要再調整。這樣的說明，讓我不只在課堂中理解概括性的概念，也能針對自己的履歷做檢核、修改。

三　課後實作與結語

此學期共有三份令我印象深刻的作業，第一份為出版企劃書撰寫，使我認識了企劃書的基本要件，如：緣起、出版宗旨、作者簡介、內容簡介、內容單元、書名規劃、行銷規劃、客觀分析等內容。透過從各方面分析選題的優勢與弱勢，規劃出一個完整可行的出版企劃。透過課程，我也對企劃書的整體架構，有了更深一層的認識。

第二則是參與《臺灣經學家選集》的分組編輯。從影印文稿、打字工作至校稿內容。讓我真正見證了一本書的誕生。雖然因學期長度關係，無法於每一個環節都參與到。但從已接觸的內容中，也使我感受到出版人的辛苦與困難。從外人眼中，看似簡單的打字、校對等工作，實則需要極大的耐心、細心與毅力才能堅持完成。每一個細項都得反覆、仔細調整，才能夠帶給讀者最完美的閱讀體驗。

第三是實際與排版、設計公司電郵聯繫。在此環節中，實習編輯需自行撰寫書封、書籍簡介與作者介紹等內容。並且將書籍資料表寄給設計公司，讓他們設計封面。在寫作的過程中，讓我思考了該用什麼樣的內容文字，才能夠抓住讀者的目光。此外，又該如何敘寫，才不會偏離作者本意等問題。重新檢視了課程中，有關行銷概念與文字運用的知識。並且在和設計公司聯繫的過程中，窺探了書籍排版交涉的真實面貌。

對我來說，於萬卷樓圖書公司實習雖是一個意外的體驗，卻取得了超乎想像的收穫。除了習得與出版相關的技能，產出實質作品外，也更進一步領略了職場生態。未來無論於出版產業，還是在其他領域的工作中，皆能夠運用到實習所學的技能，而我也將帶著這些成果與回憶，往人生的下一個階段邁進。

敲響進入出版業的大門

林玟均
國立臺灣師範大學國文學系

一　前言

「讀國文系，畢業以後要做什麼？」每每被問到這個問題，總不知道該如何回答。尤其在師大，彷彿每位學生都理所當然將成為老師。對於不想當老師的我而言，一旦誠實說出想法，就得面對長輩辛辣的逼問或懷疑的眼神，令人難以招架。國文學系的出路很多元，從入學以來，導師時刻提起這一點，系上的職涯講座，舉凡公務員、插畫家、社群作家……一個個優秀的學長姐，坦白說更讓人無所適從。總覺得大家似乎早已決定未來的道路，我則還在各種工作選項間躊躇。在眾多選項中，我最感興趣的就是出版產業。

二　修課的決定

幾乎是一看到「出版」與「實習」這兩個詞，我就決定修課。喜歡閱讀的我，曾有段時間嚷嚷著想要當編輯。在幼時的幻想裡，編輯能第一個接觸作者的完稿，意味著能看到喜愛書籍的第一手資訊，這是再理想不過的工作了！但隨著年齡增長，開始擔心經驗不夠、能力不足、應徵不會被錄用……等等的問題。對於出版業，不得其門而入，也沒多少相應的知識，於是就畏縮了。「出版實務產業實習」這門課，可謂一場及時雨。來到大四，正逢決定方向的重要時刻，希望能透過這一門課，獲得踏入出版產業的自信。

第一堂課的後段，老師為我們講解了寫履歷的要點。其中，有不少重點，都是學生容易忽略的。像是自傳的字數，升學在做備審資料時，總有「越詳細越好」的迷思。但老師從主管的角度剖析，告訴我們，自傳其實不需要太多字……等等，不為人知的細節。藉由老師提點，讓學生更能掌握職場主管的想法。班上有不少大四的同學，除了畢業壓力，是否要讀研究所的抉擇外，求職也是我們面對的挑戰之一。我也正利用課餘時間，尋找工讀機會，這時履歷撰寫就成了重大課題，如何寫得清楚、寫得吸睛，盡力展現自己最完美的一面，著實讓人苦惱，因此很高興能學到這方面的技巧。

這門課是新創課程，於老師及學生雙方都是初次。國文學系開設業界實習課程，實屬難得。希望能夠在這門課中，系統式地學習到出版相關的技能，全方位了解書籍出版工作的內容。畢業後若有幸成為編輯，能夠加以運用。

三　踏入出版業的第一步

在實習課上，課程的安排，並不是硬梆梆的單方面講述。老師會隨著課程的進行，拋出問題，引領同學思考。

例如：「出版人的使命是什麼？」便是個困擾我們許久的題目。「使命」這詞的意義太重大，似乎得想出個冠冕堂皇的回答——「傳播文化」、「普及知識」……等等。老師接著問一句：「那出版人算不算生意人？」這個突如其來的問題，讓同學們一時語塞。實際上，出版產業既然是產業，就無法脫離銷售行為。如同所有的商業運作，需要評估成本、計算獲利。因此，賺取利益仍是出版人的任務之一。在刻板印象中，文化人彷彿一種比商人更高尚的存在，如果以賺錢為目標，似乎羞於啟齒。但老師坦蕩蕩地告訴我們，從事出版工作，不能太理想化。

文化事業需要透過商業模式賺取利益，才能達成永續經營，才能成為「事業」，而不是「志業」。因此，做生意也是出版的一環。進入實務業界前，須先理解這一點，進而撇除那些對出版的幻想。反向思考，我們求職工作的目的，不也是為了掙錢？換個角度思考，出版從業者也需要錢才能繼續為這個領域付出，文化與商業掛勾，也就不是什麼難接受的事了。

當我被點名提問的時候，當下不太能夠清楚表達。但每次老師提出問題，都會先思考、寫下自己的回答，再聆聽同學的想法。這樣的提問方式，對釐清觀念滿有幫助的。在課堂的持續訓練下，我的發言能力，也漸漸有所進步。

「出版人同時也是商人」的觀念，對我來說震撼很大。先前曾在跨足出版的非營利組織工讀，因為它「非營利」的性質，只要做好每一本書，販售幾乎都交給通路處理，並沒有太多機會，接觸到這方面的知識。不過，以「出版實務」來說，這似乎是了解業界必經的歷程。開宗明義地提出，讓同學們提早認識業界生態、平衡理想與現實。

四　校對：印象最深刻的實習工作

正式進入「實習」階段，老師一口氣說明了幾項作業，讓我們體驗出版從業人員平時的工作。其中分別有：校對作業、出版企劃、製作期末成果書、小組共同編書等。每份工作都要花上不少心思，在此以校對為例。

（一）需要細心與耐心的工作

我們在課堂中，嘗試校對的作品是《楊逸詩草》。因為作者修改原稿的關係，必須在排版稿上，標示出與原稿不同之處，以利排版人員調整。我看過小說《校對女王》後，就對校對有一點憧憬，但這工作並不輕鬆，需要細心與耐心。

老師詳細地解說了校對的注意事項，也幫我們釐清錯誤觀念。當老師提出「正確的文字應該標記在哪裡？」的問題時，我和同組的同學都以為是寫在修正處旁邊。不過，在實務上，為避免影響閱讀，應該要寫在外圍留白處才對。其他諸如使用紅筆、如何標示刪除、插入文字等，都是實務操作的重點。

老師分派給各組數頁原稿，讓大家回去練習。我覺得這份作業最困難的地方，在於作者除了修改文字以外，順序也有所調整，跟原本交稿來，已經排版後的稿子，有所不同。差異程度之大，需要跟組員互相討論後，才能完整校對出一份原稿。看來，編輯進行到一半，作者才大幅度抽換稿件，對負責的編輯來說，真是一場災難。

（二）有固定規則的專業工作

在後來的理論課中，老師告訴我們校對工作的歷史，最早可以追溯至商朝甲骨文的修飾痕跡。將誤、訛字改正，整理出正確的文字內容，即是校對的行為。到了西漢的劉向、劉歆父子提出「校讎」的方法：「一人持本，一人讀書，如怨家相對。」是最早將校對工作理論化的基礎。而這樣的校對工作，到了今日，已演變成有固定規則的專業工作，非僅僅只是「校正文字」而已。

校對工作可分為「死校」與「活校」。死校即「校異同」，比對原稿與排版稿的異同，以原稿為尊，不加個人意見，即使原稿有錯，仍然因循其誤，以免更動。活校即「校是非」，發現作者原稿中有錯漏之處，輒進行修正，讓書稿能臻至完美。過去作者創作文字，只能手寫，再進行打字。為了避免打字的疏忽，改動作者原意，所以重視「死校」的功夫。時至今日，創作者多是以電腦打字，直接提供電子檔進行排版，與作者原稿不同之處，便大幅減少了。這時候，更重要的是核對打字失誤，以及內容錯漏和文意不順的地方。更重要的是活校概念的應用，才能讓作者的本意真實呈現出來。

老師在課上以編輯《林文寶兒童文學著作集》為例，透過「活校」的概念，將不擅長電腦打字的老師的稿子，修改得更加通順，讓文稿閱讀起來更清楚，得到作者的讚許。在校對工作中，如何妥善「活校」又不更動作者原意，是我們需要學習的課題。

（三）依照校對規範進行文稿整理

老師提供了萬卷樓圖書公司的「學術體例」與「校對規範」，讓我們在校對《臺灣經學家選集》作業時，能有參考的依據。也在課堂上介紹校對工作的內容，包含文字、句法、年代、量詞……我才發現需要注意的「眉角」有這麼多！

整本書要依照校對規範統一，一個小小的標點符號都不能放過。同時也要潤稿，修正部分有問題的語句句法。在出版業界的校對程序中，照步驟來做，依序是一校、二校、三校、清樣，四個校次。在每個校次裡，又包含：校對、謄樣、修改、對紅四個步驟。針對這四個步驟，老師分別做了仔細地說明，其中「對紅」是我第一次聽到的新名詞，能深入了解校對過程，對我而言感到十分新鮮。

校對作業結合了概念與應用，《臺灣經學家選集》這套書由小組進行打字工作，並由小組進行校對。不僅能得到實務上的經驗，更對這份書稿有更深的參與感，我認為是很有意義的一份作業。我曾以為「校對」是一項簡單的任務，深入了解後，才發現它不只是找錯字而已，還包括了潤飾、修改、體例統一、細節校正等許多要點，需要極強大的專注力與耐心，也讓我更加佩服校對人員。

五　出版產業的發展與轉型

老師介紹出版產業現狀，是從出版的歷史開始說起。

（一）私人刻書的興起

在北宋活字版印刷術發明之前，印刷書籍的成本很高，只有政府或宗教力量才能負擔。也因此古代流傳至今的書籍，大多是典籍或史書，私人出版實有困難。到了明代，因為印刷技術成熟，私家刻書興起，出版商業活動蓬勃發展，開始市場化的經濟。

（二）知識載體的改變

一九六〇到一九九〇年代，出版產業已正式進入商業運轉，而且十分興盛。「出書就會賣」是當時的觀念。到了一九九〇年代開始，網際網路的興起，是知識的載體，第二次巨大的改變，將出版帶來轉型的變革。從只有單向輸出的WEB1.0，到任何人都可以發布、回應內容的 WEB2.0。例如部落格、臉書。最後 WEB3.0 是萬物連網的現代。網路成為資訊載體，取代部分書籍的功能。透過網路技術的檢索，查詢資料也比翻閱紙本書，來得更加方便快速。但對於出版產業而言，則意味著轉型的開始。

（三）出版大崩壞的時代

看似聳動的標題，卻能貼切地表現出版產業走下坡的情形。書籍不再是生活必需品，大部分資訊都能從網路上取得。最明顯的例子就是旅遊書了，過去旅遊書籍熱銷，要到哪裡旅行，人人都需要一本介紹交通、食宿的旅遊書。但現今這些資訊，都能從網路獲得，且更具有即時性，而且移動式設備也很方便。

若書籍銷量持續下跌，結局是什麼？產業總會找到存續的方法。從臺灣出版業近年的銷售額圖表來看，雖然有所下滑，但近年來已有止跌趨勢。表示人們對於圖書，仍有大量的知識性需求，暫時難以被網路取代。像是教科書、學術文集等，這些需要系統性整理與規劃的著作，仍然是網路無法取代的。人們依然習慣用紙本閱讀這些書籍，因此出版產業不會有消失的一天。

（四）開拓新商機與轉型

但是我們仍然需要思考，如何開拓新的商機與市場，使出版不只繼續生存，還要隨著時代進步、轉型。老師為我們介紹了臺灣出版產業的現況，出版社有各種類型，生產出各式各樣的出版品，而臺灣有幾點較特別的地方，像是雜誌出版往往與圖書出版兼營，漫畫出版以代理日本作品為主等。

在產業結構方面，為節省人力成本而大量仰賴外包。圖書編輯工作，往往身兼多職。（作者案：並非一個人負責多項業務，而是什麼領域都懂一點。）本課程中訓練各組編書，也就是希望我們能擁有多方位的能力，才能應付出版社的種種要求。臺灣的出版的特色是：大量仰賴外包、個人獨資經營、地理位置集中，以及產品高度兼容。這些都與其他國家的出版產業不同。這樣當然有好有壞，如何善加利用這些特色，正是新時代出版的重要課題。

我認為老師分享的經驗很有幫助：若因營業規模小，而欠缺上下游議價空間，那就想辦法擴大營運規模，市面上不少出版集團應運而生；由於新書銷售週期短、倉儲成本高，那就不要在書店大量鋪貨，以減少書籍印量，應對「不一定能賣出」的窘境。「出版是夕陽產業」這句話流傳了數年，但我想，每個產業都會面對自己的困境，想出正面迎擊的方法，並努力解決問題，無論多大難關總是能跨越的。

六　萬卷樓實習活動帶來的意義

萬卷樓辦理實習活動行之有年，成果豐碩。然而，羅馬不是一天造成的，萬「卷」高樓平地起，光輝的表面下，歷經許多辛苦的過程。老師在講座中以「十年磨劍」為題，一一歷數萬卷樓出版實習活動的回顧與展望，並給予同學們過來人的生涯規劃建議。

第一，不要用錢衡量所有事

老師以在陳郁夫老師門下的經驗告訴我們，當時的他雖是無薪工讀生，卻學到了很多別人所沒有的電腦技術，對日後的求職有很大的幫助。許多人找工作以薪資為首要考量，但有時太計較薪水不是好事，是否「學習」到真正有用的東西，這才是最重要的。

第二，不要迷信大公司的招牌

在大公司工作，往往光鮮亮麗。但大公司的人員眾多，體制與階級嚴格，人才發展空間有限。與其當大公司裡當個小螺絲釘，不如在小公司有更多歷練的機會。做一個小公司裡的臺柱，履歷表上的頭銜與經歷，會比在大公司裡做一個小螺絲釘更加亮麗。

第三，儘早決定職涯發展的方向

現今許多同學都迷惘著自己的職涯發展，但老師提醒我們「年輕就是本錢」，剛畢業的新鮮人相較其他求職者，最大的優勢就是「年青」。儘早決定職涯發展的方向，在工作的領域深耕、積累，才是生涯規劃的最佳選擇。如果一直轉換跑道，更換工作，但卻一直都在基層，很快就會失去自己的優勢。

第四，好的工作要能夠給自己增值

畢業找工作時，要考慮工作的遠景與前瞻性。如何持續向前、穩步向上，不只看到眼前的利益，才能把握更輝煌的未來！生涯規劃是經營人生，不單單只有「找工作」。

對我來說，因為對自己工作能力沒有自信，也擔心沒有經驗會影響求職機會，其實很容易陷入「先求有，再求好」的思路迴圈，也因此目光淺近，鮮少考慮到更遠的未來。老師以過來人的角度，叮嚀我們職場上的心態調整，我認為非常有幫助。要設好職業探索的停損點，在工作的過程中，相較職位的平行移動，不如待在同一個地方穩步提升，一直換（相同職位的）工作不但增加了適應時間，更有隨時被替代的風險，無法隨著換工作而進步，這是最要緊的。

萬卷樓最初辦理實習活動的目的，是為了尋找共同工作的夥伴，直接從學校發掘人才。所以從二〇一一年開始，安排了一系列的實習活動，提供豐富的出版訓練與就職資源，例如：名人講座、印刷參訪、辦公實習等，口碑甚好。過程中，萬卷樓也有所檢討，在逐漸修正改進後，成為現在的出版實習課程。結合理論與實務，產出「看得見」的具體實習成果，務求給予欲進入出版產業的學生最大的幫助。我們得以躬逢其盛，實是一件幸事。

七　結語

隨著「出版實務產業實習」課程進入尾聲，我們一點一滴地積攢了成為編輯需要的經驗與技術。回顧整個學期，企劃、打字、校對、排版、外包封面設計、書號申請……每一樣都是我們利用課程時間完成的實習成果。老師用許多的實務工作及豐富的理論知識，讓班上同學了解出版界的業務內容與生態。短短一個學期內，我們如同學期初所期許的，成為「什麼都會一點」的編輯新鮮人。作為實習編輯的每一天，都在省思編輯相關事務，逐漸加深對這個職業的理解——我想，自己確實可以往出版業發展。

在分組編輯《臺灣經學家選集》的過程中，我的小組從一開始到萬卷樓領原稿，到後來的打字、校對，每個環節都保持緊密的聯繫，雖然不像一般書籍生產流程一條龍式進行，但作為共同工作的夥伴，頻繁溝通有助於我們確認彼此的進度與問題，並齊心協力解決。除了個人的編輯作業，小組共同編輯的經驗也是我的重大收穫，使我了解編輯間「溝通」是必要的，無論是對同事或上下游皆同理，老師常說，有問題歡迎去信詢問，不要害怕開口，大家需要一起完成項目時，重點在於彼此間有效溝通、做出符合要求的成果。

出版產業延續了上百年，從紙張發明開始，書籍就是人們重要的知識載體，時至今日，歷經許多波折，整個出版業來到時代的轉捩點。網路的衝擊、閱讀工具改變，在在都是現代出版從業人員面臨的挑戰，加上各家出版社不同的出書方向，行銷策略、成本考量也成了編輯的業務，需要考慮的面向非常多，催生一本書，不是那麼簡單。不過我樂於接受這些新事物的挑戰！

感謝「出版實務產業實習」課程的教導，現在的我已不再恐懼投出履歷，並能了解出版業界的基本內容，有自信可以敲響出版業的大門，期望在未來，有機會為臺灣的書籍出版盡一份心力。

出版實務產業實習課程筆記

徐子晴
國立臺灣師範大學國文學系

一　前言

在瘟疫籠罩的時空下，新的一學期在電腦螢幕與鏡頭上正式展開。徬徨無助的時代，身為一個文組的學生，最常被問的就是將來想從事什麼行業。不禁令我思考，讀人文學科到底可以做什麼？張總編上課時曾經提到，我們必須善用所長，找到正確的方法——例如說故事、講話的技能作為背景知識切入課題——得以使我們的能力好好發揮。

二　如何寫一份好的履歷？

大學生涯進入尾聲，真正進入社會的那一刻亦不遠矣。如何在求職時寫一份讓老闆看得賞心悅目，進而順利錄取工作的履歷？這也是需要掌握一些竅門的。

首先，我們需要先想好寫作履歷的目的是什麼？是求職？生涯紀錄？還是人生規劃？正確來說，寫履歷是把自己當作產品，隨時進行自我反省與準備，向過去回顧，往未來前瞻。總編提醒我們，記得時時更新履歷，舉凡自己認為有所成就感的表現皆可記入。

履歷表應具備的項目，包括個人的基本資料、應徵職務、學歷、工作經驗、特殊專長、獎項、榮譽、證書、實際成果等等。

在個人基本資料方面，需在明顯清楚的地方留下自己的姓名，將名字放在履歷的頂端，聯絡方式例如電話及電子郵件等等皆為必須的，使履歷閱讀者能夠順利與自己聯繫。而學歷須先從最高學歷依序往下寫，要特別注意的是相關單位的名稱，應盡量用「全稱」。

若有工作經驗，可依種類區分，例如公司、職務等等，時間軸由近期至較舊的事項，同樣的相關職稱、部門名稱須用「全稱」。其他活動的項目內，一切個人認為重要並對謀職有幫助的活動或專長皆可明列於此項。在羅列的過程中，尤其需要分類編排，使內容清楚呈現，讓讀者一目瞭然。

榮譽、獎勵、證照，同樣以分類的方式寫上與應徵職務內容相關的獎項與證書。務必擺脫病歷式的框格，取而代之的是巧妙運用空格、排版等技巧，使版面清楚易懂，一目瞭然。

寫好履歷表的核心關鍵，在於條列式的呈現，清楚明瞭的陳述，精準的說明，採用邏輯分類呈現資訊。同時，除了說明自己「做過什麼」外，重要的是還要讓老闆知道自己「做得很好」，以及這些事件與所應徵的工作「產生連結」。內容行文不冗詞贅字，盡量簡鍊清楚。尤其注意的是，履歷撰寫不可倉促草率，應該要注意細節，避免錯誤。

可適度按照徵才啟事的職位要求，進行履歷客製化的操作。履歷中所呈現的文字與內容，應符合該企業所欣賞的風格。而圖片比文字直觀，能夠帶來更強烈的視覺感受，但不可喧賓奪主。個人照片視職務需求投放，提供的照片須端莊、符合職位。一般來說，除表演類、服務類……等職務，須特別重視外表的工作之外，不建議放個人照片。因為，照片容易使人產生第一印象，要使閱讀履歷的人，專注在履歷的內容，而非因為外貌的關係，造成選擇去取的潛意識。

履歷在行文中，要讓工作條件主動式的呈現出來，或讓徵才啟事中的關鍵字，出現在履歷中。注意履歷內容的呈現，要盡量對齊，不要參差錯落。可以利用隱形框格，來確保資料切齊。空格採用全形的方式，可以避免版面調整時，造成錯落。若應徵的是創意產業工作，可以加入色彩和圖示等元素，以呈現個人特色，並將成果附於履歷後。

履歷撰寫中，儘量不要出現「我」、「我們」及「呼告」用語。履歷的第一行，毋需大字凸顯「履歷表」。重點是個人資料，但也切勿讓姓名、地址等資訊，佔用了大塊面積。同時，內容應避免重複，以及過度花俏的設計。

而自傳是否有存在的必要？基本上在履歷中，自傳並非必要項目。但自傳可以營造個人感性、細節性的描述，也可以讓履歷內容更為豐富。將字數濃縮在三百字左右為佳，避免與前述項目重複的內容。自傳的章節段握，大致可以分為五項：一是家庭背景，強調給予個人在工作上的助力，能夠賦予工作的穩定性；二是工作經歷，強調前一工作的特殊表現，團隊合作的默契及美好的工作經驗；三是求學經過，則著重於課業外的特殊表現，如社團參與以及修習哪些有助職場的課程；四是個人特質，簡單敘述自己的為人，以工作有利為佳；五是工作期望，重點在於個人的生涯規劃，可分短（五年）、中（十年）、長期（十年以後）來敘述，以及對該工作的認知和期望。同時，亦可在結尾處表現對應徵工作的積極性，不要說來學習，而要體現對工作的貢獻。

三　什麼是「出版」？淺談出版的來龍去脈

此門課的名稱為「出版實務產業實習」，所以想當然耳，我們需要了解「出版」兩字背後的意義與歷史。

（一）必也正名乎

何謂出版？廣義的出版意謂將作品透過任何方式「公

諸於眾」的行為。作品內容包括文字、繪畫甚至樂曲、歌聲，並不侷限於紙本文字。狹義的出版是指將作品以「出版品」的方式，在市場上進行流通或販售，包括免費與需付費者。

那麼，何謂出版品？廣義的出版品，是透過出版行為所製作出來的產品，且必須於市場上流通。以傳播資訊、文化、知識為目的的各種產品，包括印刷品、電子產品的總稱，是傳播文化知識的媒體。狹義的出版品，意指作品獲得「國際書號」並經過出版機構印刷成書籍，稱為出版品；若未獲得國際書號則稱為「印刷品」。

為什麼用「出版」一詞呢？過去要印刷書籍以流通，都必須透過雕版印刷來印製書籍。因此，雕版完成，及代表書籍出版，進而衍生出今日「出版」一詞。

什麼是出版產業？以出版為主的生產或銷售的產業領域，便稱為出版產業。其中，出版產業究竟是「事業」或是「志業」？出版業無法違反自由經濟而存在，依然需要透過獲利來永續運營——開門，就是要做生意。——如果沒有資金來源，很難單純靠著理想繼續前進。例如：萬卷樓圖書公司、國文天地雜誌社作為出版人的使命，及其創社宗旨在於發揚中華文化、普及文史知識、輔助國文教學。即使如此，仍然無法脫離「銷售」的行為而存在。

書何自始乎？自有文字即有書。書籍載體隨著時代變化，不變的是將文字公諸於眾的目的。例如：早期的甲骨、鐘鼎、石碑，再到簡牘、絲帛。直到東漢蔡倫造紙，才有了紙質文獻的產生，惟當時只有貴族才可使用。真正的紙張普及必須來到東漢末年，使攜帶、傳播都更加便利。書籍印刷的發展，則從商朝的轉印複製術為發端，再來到唐代的雕版印刷數，之後又發展為北宋畢昇的活字印刷術，技術是逐漸地進步。如此的活字印刷術的原理，一直使用到民國六十年代，都未曾改變。現在傳統印刷機的原理，也是過去製版印刷術的延伸。

（二）歷史悠久的產業發展

在出版的歷史中，出版工作一直是個燒錢的玩意兒，早期專屬於皇族、貴族等統治階級與政府單位。俗諺說：「萬般皆下品，唯有讀書高。」是因為書籍的獲取，並非一般老百姓可以取得的。在過去，能夠讀書識字，是一件相當不容易的事。直到紙張與印刷術發達，知識才有辦法普及。

過去僅有政府及宗教團體能夠負擔刊刻一本書的費用，直至北宋活字版印刷出現，明代以後私家刻書才興起，出版產業勃發，進入市場經濟。清代西方工業革命後，機械化的印刷機產生，帶動了民國後私人印刷蓬勃發展。由於印刷技術進步，也使得出書成本降低，更多人可以從事這個產業，大幅推動了知識的普及化。

西元一九六〇到一九九〇年間，可以稱之為出版產業狂飆的年代。這時代電腦技術還不發達，人們獲取知識的主要來源為書籍，再加上印刷技術的發展已經十分進步。因此，出版產業在這三十年間發展相當蓬勃。這樣輝煌的年代，也造就出版產業養成「出書就要印很多，鋪遍所有書店，才能創造銷售佳績」的習慣。到了一九九〇年之後，數位化時代與網際網路興起，書籍載體遭遇重大改變，出版產業也受到巨大的衝擊。

近年來，更隨著設備的進步，出現了智慧手機、平板電腦等，再加上行動網路技術的普及，隨時隨地都能夠上網，資料量大到需要系統性的篩選才能夠找到所需的資料。知識的載體自東漢紙張出現以來，逐漸轉移至網際網路上，發生第二次知識載體的改變。

如此的變化，造成世界出版產業大崩壞，「書」不再是人們生活中的必需品。出版產業勢必需要尋求轉型。不要透過紙張，如何將作者的意識傳達到讀者手中？這成為出版產業必須面臨的一大考驗。

（三）出版產業的內容與範疇

出版產業的內容，包括出版活動、出版發行、印刷工作及數位出版。出版活動，泛指出版過程中所包含的相關編輯工作，例如：排版、校對、封面設計、翻譯、企劃、版權交易等等。出版發行，指圖書印刷出版後，所包括的相關工作；印刷工作指編輯工作完成後，紙本書籍出版前的印刷工作；數位出版則屬於數位時代的新型態工作。

出版產業的範疇，包括圖書出版、雜誌出版、報紙出版、動漫出版、影音出版及數位出版。特別的是，臺灣的出版社往往會兼營圖書與雜誌的出版，雜誌社與出版社兩者之間的界線是相當模糊的。

出版活動與產業結構大量仰賴外包體系，編輯的工作包括：排版、校對、設計、網站、印刷、發行、倉管及會計。為求降低人事成本，出版社往往會將各項事務外包給打字人員、排版人員、封面設計人員等等。

（四）臺灣出版產業概況

在這樣大量外包的工作狀態下，臺灣出版產業概況大概如下：一、廣義的：營業項目登記有「圖書發行」等之相關業者均被認定為廣義的「圖書出版社」。二、家族化：整體而言均屬中小企業規模，百分之八十未加入企業化經營，多屬家族化經營，個人獨資。三、地理性：因為高度外包分工的情況下，整個產業的發展具有高度地理集中性。四、兼容性：約有百分之四十七的出版社兼營圖書與雜誌兩類出版品。「營業規模太小，無法對上下游供應商產生一棟程度的影響，導致面對議價談判時，內容生產者的價值完全無法發揮。」這是出版產業最致命的弱點。有鑑於此，後期出現的了不少集團出版公司，則是集結多家小型出版公司而成。透過擴張出版社的規模，以求放大自己對出版界的影響，例如：城邦出版集團、新絲路出版集團、讀書共和國、大雁出版基地等。

（五）出版產業的困境

現今圖書出版產業的發行困境，包括：新書銷售週期短，退書率提高、傳統印刷鋪貨，大量庫存累積、初期投入成本高，回收效益低、倉儲倉管費用，隱性成本高、成本降低有限，銷售提高困難、選題企畫空轉，行銷方式有限……等。

顯現出今日出版產業在現代化的進程中，面對書籍載體轉變的衝擊，仍未完全發展出完善的新的獲利模式。導致許多出版商仍陷縮於過去的傳統出版思維，而無法獲得轉型發展的機會。

四　書展的舉辦

書展舉辦的原因，在銷售之外，還能提升知名度。臺北國際書展光是一個三乘三公尺的攤位，展期七天，租金便達六萬五千元。再加上書架、擺書、裝潢及桌椅的費用，皆需書商負擔。因此，參加書展是一件相當花錢的事。

辦書展的目的與意義，以臺北國際書展來說，是一大眾型的消費書展。此類型的書展，最吸引群眾的手法是打折，將折扣給的很高，則出版社獲得的利潤則變得很少，因此往往此類消費型的書展，會變成清庫存的會場，用低價促銷來吸引客人。新出版的書籍，則成為出版社的「配套活動」，來與促銷的書籍，所做出區隔。

另外，還有交流型的書展，並不以銷售為主要目的。此種書展的資金，來源於文化基金會、政府的文化推廣部門，因此這種書展的配套活動會以基金會以及政府的宣傳作為目的。例如：金門書展：臺澎金馬巡迴展的舉辦，搭配有「海峽兩岸攝影家作品展」，以吸引更多不同面向的讀者。這種「B To B」的書展模式，舉辦的效益，會落實到商業對商業的交流上。

書展的舉辦必須由多家出版社聯合辦理才得以辦成。那誰來聯合那麼多家出版社來舉辦書展呢？如同學校生活中的「社團」，出版社們亦有其自有的社團。此種社團又分為數種，對於出版議題有興趣者，會參加「出版協會」；若對於賣書有興趣，則參加「發行協會」；若對於版權有興趣者，則參加「版權協會」；對銷售經營有興趣者則參加「商業公會」。書展活動的舉辦，往往皆由此類社團主辦，以號招多家出版社來舉辦書展，進行對外交流。

五　臺灣出版業的國際市場

臺灣出版業的國際市場很有限，目前最大的出口市場，是推廣到大陸。以萬卷樓圖書公司為例，出口大陸的佔比，高達百分之八十。因此面對單一出口市場的風險，應當如何面對？

有鑑於此，萬卷樓圖書公司便嘗試開拓東南亞市場。希望透過新加坡作為轉運樞紐，出口臺灣書到東南亞市場。但新加坡的書商對於進口臺灣書籍興趣缺缺。若以最直觀的角度來看，東南亞華人族群相當多，照理來說臺灣出版業應該能在此地找到新的藍海市場。然而，看得懂繁體字的老一輩華人，逐漸凋零，不再是出版市場的主要受眾。年輕一代的華人，主要閱讀簡體字及英文書籍。因此，臺灣書籍在東南亞來說，市場並不大。

除了東南亞市場外，其他地區因為語種的關係，臺灣圖書並沒有太大的市場。傳統華人聚集較多的海外地區，受到大陸簡體字圖書，以及華文教育的影響，多半都以簡體字圖書為主力，臺灣圖書在國際市場上，形同孤兒。

六　主題文學與出版企劃

主題文學在文學研究當中，既可作為主題來探討，也可作為文學創作的核心思想。

（一）出版主題的規劃

主題又可分為兩種面向來觀看：一是客觀概念性主題，意指關於「讀者認為作品是關於什麼的」；二是主觀陳述性主題，則是關於「個人認為作品是表達什麼的」。 作為一個編輯，必須兼顧兩者，故而「溝通」對編輯來說是相當重要的能力——他是作者、作品及讀者中間的橋樑。

主題是故事中探索的核心思想，可以是廣泛的主題，亦可是特定的訊息。文學主題可能是主題，或者是在更大的故事中呈現自己或信息。主題常見與人的慾望與需求有所關聯，例如愛、性、神、現實、母親、婚姻、復仇、孤獨、寬恕、貧富等等。

主題可以設定與歸納，例如，人文觀點下「遊」的主題意義具有多向說法：時間意義（古人記遊文學與今人旅遊文學）、正反意義（流亡、游離與經略）、目的意義（春秋戰國「周遊」列國）、大小意義（壯遊與臥遊）、抽象意義（文章之遊）、具象意義（旅行文學）。

（二）誰來設定主題

過去的出版社與作者之間，彼此是魚幫水、水幫魚。作者必須思量「如何創作才能獲得出版？」而出版社則需要思考「如何出版才能鼓勵創作？」此二者之間的關係，是伯樂與千里馬一般。然而，在這出版產業崩壞的今天，即使沒有伯樂，千里馬還是千里馬。在這個以內容為王的時代，出版產業是內容產業，誰掌握了內容，誰就掌握了發言權。

（三）出版企劃的核心思維

主題選擇與出版企劃的核心思維，在於藍海策略、紫牛產品及創新模式三要點。藍海模式，意為努力開發沒有競爭者的領域，避開與對手競爭，或使競爭無關緊要。創造新需求，避免同質性產品惡性競爭，提高客戶獲得的高性價比並降低產品成本；紫牛產品，意指使自己卓越非凡、脫穎而出，做出特色差異；創新模式，做別人所忽略的、別人不敢做的、別人不能做的以及別人做不好的。

做企劃不怕前無古人，只怕前面都是人。出版產業有愛跟風的習性，總是一窩蜂地出版相似主題領域的書籍。這種習性的由來，並不是他們沒創意，而是深怕在市場話題產品的獲利上，錯過了賺一波的機會。

七　版稅、合約與版權貿易

（一）什麼是版稅

版稅，意為著作人把著作物品委託發行人出版，每次按出版或銷售的數量，照定價或實價抽取的酬金。簡單來說，就是著作授權使用費，是智慧財產權的原創人或著作權持有人，對其他使用其智慧財產權的人所收取的金錢利益。

版稅！版稅！這個名稱不禁令我們好奇，版稅是否為「稅」的一種？其實並非。版稅是一種支付酬勞的方式，與「國家稅收」完全不一樣。版稅對作者來說是一種收入，而必須繳納「所得稅」，所得稅才是政府的國家稅收。

（二）版稅制度的產生與計算方式

版稅制度產生的背景，是由於歐洲近代圖書出版業的快速發展。由於職業工作者的出現，以及作者著作權有價觀念的興起，因而產生支付著作使用費的制度。早期並不使用版稅的方式，而是使用基本稿酬制度。近代歐洲新成立的出版商，為求降低成本並避免損失，通過不斷的談判，發展出一種向作者轉嫁出版風險的制度。這樣的制度，反而更符合著作權保護和利用的原則，也更能刺激暢銷圖書的生產。

版稅的計算方式，又可分為圖書版稅、戲劇音樂舞蹈等作品版稅及錄製版稅三類。圖書版稅是以圖書定價乘以圖書印數或銷量，最後再乘以版稅率；戲劇、音樂、舞蹈等作品是以票房總收入乘以版稅率；錄製版稅則以錄製品單價乘以錄製品發行數，最後乘以版稅率。而版稅制一般不適用於報刊發表作品的付酬方式。

那版稅率是什麼呢？版稅的計算方式，為圖書單價乘以一定百分比再乘圖書銷售量或印刷量，而這個「固定的百分比」即稱作「版稅率」。版稅率的確定，一般要考慮作者的知名度、作品的種類、品質、印量、潛在的市場需求以及所授權利的專有程度等因素。在大多數國家對於版稅率並無統一標準，由著作權所有者與作品的使用者溝通協調。

（三）版稅的結算與支付方式

而版稅的標準支付辦法，完全依照市場機制以及相關的協商約定。又分為買斷制與結算制。版權買斷制，即為一次性結算版稅，又分為永久買斷及限期買斷兩種。前者沒有時間限制，不管賣多少都與作者無涉；而後者則是在約定時間內，不管賣多少都與作者無涉。買斷制對出版社來說，優點是授權成本可控，無需再談分潤；缺點是承擔所有風險，初期投入成本高。對作者來說，優點是可以立即性拿到一筆錢，且無需承擔風險；缺點是無法享受到分潤的好處。

版稅結算制又可分為依印刷量結算版稅，以及依銷售量結算版稅兩種。前者即是在每次印刷完成後，依印刷量結算版稅，印多少結多少。作者可以要求到出版社蓋章，在版權頁蓋上私章，以確保出版社沒有自行偷印。對出版社來說，結算制的優點是結算清楚，且可以議價較低的版稅率；而對於作者來說，則是可以享受分潤。後者則是在「每年」銷量統計後，依銷售量結算版稅，賣多少結多少。由出版社提供銷售量，而作者可以要求提供庫存報表。對出版社來說，優點是減少風險、且初期投入成本較低；缺點是每年結算，手續麻煩，分潤成數固定，利潤固定。對作者來說，優點是可議價較高的版稅率，並計算分潤，隨銷量增加則收入亦可增加；缺點是結算金額受限於出版社，須承擔一定程度風險。

（四）版稅的談判與預付版稅的機制

在版稅金額多寡、如何計算等等方面，作者與作品除非有強勢性的優勢條件，否則難以跟出版社進行溝通談判。而出版社要作為培養本土作家的搖籃，勢必要進行投資的支出，但在景氣困難的情況下，恐怕相當困難。兩者之間都處於非常尷尬的地步，因此相關的約定，往往必須通過溝通談判而來。作者與出版社雙方認知的不同，時常造成彼此之間的不愉快，作者往往不闇溝通，也不了解市場行情，造成作者與出版商雙方之間的困擾；而出版社往往為了降低成本、減少風險而立場強硬。

為了顧及雙方的公平與利益，產生了版稅結算的折衷辦法：預付版稅。圖書在一般情況下，出版者須在正式出版前先將版稅一部分支付給作者，這部分版稅稱為「預付版稅」。預付版稅可以在「契約簽訂後」或「作品交稿後」或「樣書印出後」支付，預付版稅一般不少於預計版稅總額的百分之五十。預付版稅的計算方式，為預估訂價乘以預估印量或銷量，再乘以版稅率的百分之五十，即為預付版稅。對出版社來說，優點是減少風險與初期成本支出，更有利於雙方的議價談判；缺點則為在作品未出版前即需支付版稅。

八　校對工作的介紹與實務

（一）校對工作的歷史

校對工作的出現，可以說是相當的早，例如商朝的甲骨文即存在有文字修飾的痕跡。可以溯及最早的編輯始祖，是為《國語》中記載正考父校核《商頌》十二篇，故「正考父」是最早有記錄校對的第一人。西漢末年，劉向、劉歆父子擬出「校讎」的方法，是最早將校對工作理論化的基礎。而在北宋活字版印刷術成熟後，經常出現檢字錯誤的情形，因此產生印刷前依照定稿「校對」的動作，並且逐漸普及，而「校對」一詞的使用最早出現在北宋仁宗時期。而近代校對工作的演進過程中，多是老一輩的編輯對新生代編輯「手把手」式的教學，在無限的練習與更改之中逐漸學習。

（二）校對工作的目的

校對工作的目的，又分為傳統目的與現代目的兩種。傳統目的，一為校對異同之處，通過比照，檢查排版與原稿之間文字異同、錯漏之處。二為校是非，原稿中多少存在著差錯，發現並且改正原稿中的錯謁之處。現代目的，一為校異同，以保證排版稿與原稿完全一致，又稱為「死校」；二為校是非，以發現原稿中的錯、漏之處為目的，而後進行改正，又稱為「活校」。

而在今日的數位時代之下，校對工作重點改變。電腦打字選字往往容易出現打字者打錯、作者打錯、編輯改錯、排版錯漏、轉檔失誤等等的問題，這些原稿內容的問題，變成編輯工作的重點，也就是從「注重死校」轉移為「注重活校」。

（三）校對工作的內容

校對工作的內容包括文字規範的校對、語句句法的校對、標點符號的校對、數字量詞的工作校對等等。文字的校對包括校對錯別字、校對簡體字、校對異體字、校對古文字、校對脫漏字、校對衍文字等等。語句句法的校對，又稱潤飾文句。包括語句詞法的誤用、語句句法的誤用及敘述邏輯的錯誤。而在校對的同時，亦為編輯意識的顯現。

憧憬與現實的交會
——成為出版人之前

張慈恩
國立臺灣師範大學國文學系

一　前言

從大一開始便對出版產業抱有極大興趣，但在實習場域以外，能接近出版業界的機會少之又少。因此也產生了許多對出版產業的刻板印象、錯誤認知。直到參與本次實習後，才逐漸建立起對業界較全面且正確的認識，並對出版業界有了更多的期待與嚮往。實習過程中，無論是理論傳授，還是實務操作，都拓展了我的視野，更讓我培養了成為「出版人」的初階能力，使我對於自己的職涯規劃更加堅定。

二　出版人的信念

（一）什麼是「出版」

課程一開始，便談論起「出版」的定義與目的。原先我的想法是：「出版」這個行業，是把一些知識或創作集結出來，讓大眾方便獲取、了解。一般來說，講到出版會想到跟印刷有關等具體工作。近年來不一定要透過印刷實體出版，也可能以數位方式出版，像電子書等。

同學的想法則是：特定單位將作品整理、集結起來，體現到書本身上，並進行到「銷售」、「發行」的行為。創作可能不限於文字，也可能有繪畫、歌曲等出版。

其實，廣義的「出版」是將作品（內容不侷限於文章，繪畫、歌詞、歌曲等皆包含在內，且不侷限在紙本或文字）通過任何方式「公諸於眾」的行為。而狹義的「出版」是將作品以「出版品」的方式，在市場上進行流通。例如印製成書籍（雜誌、期刊等方式），進行流通或販售。而流通不等於販售，如《聖經》在街上發送，僅有流通沒有販售，但仍屬於「出版」的範疇。老師便透過以上對「出版」定義的說明，帶出對「出版」更深層的各式討論。

（二）出版人是不是商人？

其中我對於「出版人是不是商人？出版產業應不應該賺錢？」的相關討論，最為深刻。

我認為，一般來說，商人的行為，應該更趨近於討好市場；但出版人的作法，應該會有更崇高的自我信念，而不僅只是為了迎合消費者而出版。但是，出版人為了支撐產業的運作，「銷售」對出版人而言，依然有其重要性。只是出版人必須在迎合市場與堅持自我信念之中，取得平衡。

但在課堂上，老師進一步解釋，出版社是利用商業模式賺取利益，以求永續經營的行業。因此，大多數的出版社是「事業」而非「志業」。如果只注重理想，而忽略銷售獲利的重要，那就無法永續經營。

（三）出版人的使命是什麼

「出版人的使命」是什麼？我認為，出版人的使命是幫助創作者與市場接軌，使作品便於流通。有出版人的協助，創作者在產業分工中，可以專注於文學創作或是歌曲編寫等，比較偏知識面的工作。而出版人在產業鏈中則從事行政面的工作，使作品讓大眾看見。出版人應具有自我信念，欲製作出怎麼樣的出版品？幫助大眾取得哪些方面的知識？創作者與出版人的分工合作使出版成為可能。

有同學表示，不可否認出版人是「商人」，但有上下游之分，即涉及商業模式。出版人是作品的推手，可以將自己喜歡、認同的作品，讓更多人知道。而銷售只是出版的一環，作為書籍最末端的推手。出版人具有文化使命，不是一味為商業利益服務，是以金錢支持其理想與抱負。

出版產業融合文化使命與資本追求為一體，在標準定義上，出版產業是「以出版為主的生產或銷售的產業領域」，除此之外，我認為還可更詳細地闡釋，出版產業在圖書流通的過程中，所扮演的角色。出版產業可以幫助創作者進行彙整、校對、印刷、設計、行銷等工作，使各式書籍進入市場、便於圖書流通。有鑒於創作者無暇顧及繁雜的出版流程，出版產業可以讓創作者更便利、更有效地與市場接軌。

還有同學提點出，在新時代當中，出版產業可以顧及許多層面，將作品包裝起來、擴大影響力，讓不同型態的產品樣貌與技術環節結合在一起。

三　科技時代下的出版產業

出版產業可以將作品整理、加工，讓作品得以出版、上市。因此，可說出版的過程中，所涉及的工作，都屬於出版產業所負責的範疇。

（一）出版產業應多思考讀者的需求

由於科技發展，改變了人們的生活習慣。產業不應拒絕科技發展，應該順著時代潮流前進，想辦法創造出更大的利益，以支持這個產業繼續發展下去。然而，但並非一定要向電子書靠攏，也許出版產業更應努力思考讀者的需求，為讀者和創作者服務，以不被時代潮流沖退。

（二）應思考如何在科技時代下自處

從六〇年代至今，出版產業的面貌改變了許多。

一九六〇至一九九〇年代，是出版產業狂飆的時期，因當時沒有網路，人們獲取知識的來源即是書籍，而在工業革命後，出書愈發容易，出版之後滯銷的風險也低，因此出版產業從過去的官方角色，正式進入市場經濟的商業運轉時期。此時知識的載體仍是書本、紙張，直到一九九〇年代，數位化時代興起，知識載體改變，產業才面臨轉型的壓力。但一時之間，出版產業擺脫不了長期養成的習慣，也就是「要讓產品大量鋪貨到各書店，才能讓最多的讀者看到，進而產生銷售的行為。」因此，生產過剩，造成庫存。

隨著時代發展，出版業界必須思考，自身如何在科技時代下自處，必須擺脫以往的習性，找到新出口。二〇一八年後，隨著設備進步速度加快（如：智慧型手機、平板電腦、行動網路等），到了 Web3.0 時代，大量資料被拋到網路上，因此需要有人幫忙系統性篩選，而網路資料龐雜，想找到需要的資料，便必須仰賴搜尋引擎。搜尋引擎的入口網站，雨後春筍般興起，書便不再是生活必需品，出版產業受到衝擊。即使紙本書仍有存在價值，但很多其他資料已可通過網路去獲得。出版產業在這樣載體轉變的過程中，應該如何轉型，才不會淪為夕陽產業？值得思考。

（三）出版產業勢必要面臨轉型

若科技世代（一出生便開始使用電子載體接受資訊）成為主要閱讀人口，出版產業則需尋覓轉型機制。出版產業有了新的課題，必須思考不通過紙張，要如何把想法、意識，呈現到讀者手中，並產生商業利益？「要印很多書」的想法，使得老出版人無法轉換思維，去配合新世代的改變，然而科技發展不會逆返，出版產業勢必要面臨轉型。現今社會仍有少部分知識性需求，不得不依賴紙本書，無法被網路取代，出版產業雖得以維持一定水準的收益，但若不作出改變，可能會下跌，且無法回升。

不僅是臺灣的出版產業衰退，各國都面對著「書籍載體」改變的問題。且近年來新書快速出版，目的即為刺激消費。但此舉真的能有效打動讀者嗎？當選題企劃空轉，出版社發現某類型選題的書會賣，便一窩蜂地出版同類型選題的書籍，造成同類型選題的書供過於求，便無法吸引讀者。

因此出版產業要如何保持收益，以迎向快速的產業轉型？在著手解決此問題前，必須先從出版產業內部結構開始檢視起。

四　出版產業的內部運作模式

科技發展對紙本書帶來的衝擊不小，儘管人類對知識的需求量不變，但對紙本書的要求逐漸降低。根據課堂上老師所提供的數據來看，整體產業的產值，受到科技發展之影響，從一年五百多億，已跌到只一百九十億左右。要化解出版產業所面臨的危機，可從其內部運作模式進行改善。

（一）改變鋪書到書店的數量

一本書從無到有，需經過以下流通過程：出版社→印刷廠→出版社倉庫點收，銀貨兩訖→大經銷商（大盤商）→小經銷商（地區性盤商）→市場（各書店）→客戶（讀者）。其中沒有販賣出去的書，將從市場（書店）退回小經銷商→大經銷商→倉儲→出版社。這些書會變成「回頭書」，出版社將再次尋找銷售第二次的機會，並進入促銷階段。

而隨著今日讀者對紙本書的需求降低，若當初一次給書店太多書，將會來不及上架銷售，使出版供過於求，且令新書銷售週期變短。過去一本書出版可以賣一年，到後來可能只能賣半年，至今可能三個月就會回到出版社。

因此，今日出版社的當務之急，應改變鋪書到書店的數量。出版產業應思考新的發展方向，不見得一定要把書鋪展到實體書店。另外，實體書店經營不容易，賣書很難成為獲利來源，實體書店也必須尋找其他財源，才能生存。

（二）改變圖書銷售的通路

在圖書流通過程中，大、小經銷商，不會負責承受書銷售的好壞，而內容生產者的價值在其中無法完全發揮，對於價格沒有話語權，即對上游無法殺價，對下游無法漲價。在此種產業結構下，物流商將獲得最大利益，無論是印刷廠到倉庫、倉庫到經銷商，還是經銷商到書店、網路書店到客戶，都需要物流協助。

在課堂上，老師引用了一個實例：博客來書店一開始難以解決高昂的物流成本，因此面臨虧損。後因統一集團入股，隨即有黑貓宅急便、超商取貨等服務，解決了物流的環節，才開始轉而獲利。由此可知物流成本、多層次經銷，是出版社需要解決的問題。因此，今日有許多出版社借助網路科技發展的力量，讓讀者跟出版社直接購買圖書，以避免物流成本過高。

五　出版發行的困境

（一）隱性成本是困境之一

當我們在課堂上，討論完出版產業內部的運作模式後，進一步要思考的即是出版發行的其他困境。老師點出，倉儲管理費用高，且為隱性成本，是出版產業面臨的困境之一。

順應時代發展，出版產業可依靠「數位印刷」來擺脫倉儲管理，以及上述有關多層經銷商的問題。「數位印刷」的內涵即是——市場需要多少就印多少。

透過數位的傳輸，把內容印下來，雖然單價成本將會提高，對購書意願會產生影響，但此種模式可能會使印量與銷售在獲利的考量上，看起來較少，但實際不會受到影響。只要市場有需要，隨時可以再印，累積下來的印量，也相當可觀，同時不會衍生庫存問題。

以萬卷樓所出版的學術書籍為例，學術書籍有一定的客群，可出版多種書籍，但印刷量必須有所控制，掌握有效客群就好，藉此形成經濟規模。

（二）分階段推動改善的進程

而改善出版產業困境的方案，還可依以下進程推展進行：一、初期：控制庫存數量，滿足市場需求，化解庫存問題。二、中期：使圖書產生其他附加價值，減少印刷數量，降低新書成本。可固定印刷單價，便於評估出版效益。三、後期：電商銷售，推薦給讀者更多書、省下物流費用。在臺灣有限的圖書市場上，無法期待業績有大幅成長，故要落實海外市場的銷售，如設立海外的數位印刷廠，在當地製作，可以拓展更多全球化發展，推銷給海外讀者。若成果不如預期，則可轉換媒介，改而銷售電子書，以轉換紙本書的需求。

（三）開展多角化模式的經營

出版產業想要轉型，就必須面對產業未來的趨勢。目前連鎖書店、網路書店會不斷增加，獨立書店會愈來愈難成長。加上臺灣市場有限，經銷商會不斷整併，以及電商平臺愈來愈多的趨勢，出版社、書店需要朝向多角化經營，並在書籍供應模式上做出改變。隨著網路平臺的興起，作者將作品公諸於眾的管道增多，不再只是單純地透過圖書出版，因此近年來，新型態的編輯人才出現，出版社的角色已被弱化。

（四）產業人才與能力的改變

綜上所述，出版產業面臨許多變動與抉擇，產業中所需的人才也將與以往不同。在這個時代裡，編輯在出版產業中的角色，更為重要。編輯向來需要發掘好的作家、催生各種書籍，且必須具有應酬、摘要跟統整的能力，還要透過謹慎思慮以了解市場需求。隨時代轉變，新型態的編輯，需要有數位剪輯等網路行銷能力，同時要思考多元出版的創意呈現。在出版發行面臨各式困境下，編輯該如何培養自身能力，是我們接下來在課堂與實務操作上關注的焦點。

六　編輯實務的反思

（一）作為一個編輯的責任感

要成為一名好編輯，在文字相關事務上的基礎能力必不可少。因此課程中安排了校對書稿、聯繫外包廠商等實務操作，這使我認知到，作為編輯須具有十足的責任感，對外，要懷有強大的應對能力；對內，要具有極高的文字敏感度。編輯一工作，並非單純呆坐於電腦螢幕前、敲敲鍵盤，編輯有著無法被一般人取代的素養，無論是面對人或文字，或是面對整個時代，一名好的編輯必能夠發揮其專業能力，處理各式業務與化解各種難關。

（二）結合跨域能力與學科知識

老師提醒我們，無論出版產業或其他行業，中文專業的學生，都能找到適合的職缺，國文學系學生具有以下優勢：一、文字表現、文案創作、創意與表達能力，較他人優秀。二、具有敏銳的情緒感知。三、圓融的人際互動能力，與客戶，或是主管、同事溝通的能力會較好。老師鼓勵我們，身為國文學系學生，在編輯事務上，應善用自身能力與知識經驗，做跨界的發揮。老師進一步說明，身為人文學科的學生，應該要妥善運用多項技能，並找到方法去切入，與自己四年所學的文學背景知識相結合，必定能發現自己喜歡的發展領域，並好好發展屬於自己的特色。

（三）勾勒出編輯工作的願景

而在本次實習中，撰寫「出版計畫書」是我印象最深刻的出版實務操作項目。計畫書包含了個人知識涵養，以及企劃技術，可顯現出一人的專業能力。此計畫書也將呈現出我們的實習成果，視為檢視一學期來成長的關鍵。而在「出版計畫書」中，最重要的莫過於「願景」，當有「願景」便能觸動人心。老師更將出版願景比喻為石橋，作品是橋墩，而作家是建構出橋墩的人。編輯要如何捕捉出版的「願景」？將是重要的課題。

（四）考慮出版理想與現實收益

在我的「出版計畫書」中，我挑選了《國文天地》中，與「婦女」、「女性書寫」相關的文章，以《中國文學中的女性群像》為題，欲串連起華文文學中的女性群像。中國文學五千年來，女性在文學中原僅是「被書寫」、「被凝視」之對象，在中國古典文學中，女性與男性的權力關係表露無遺。中國傳統社會的女性，經歷各式考驗，呈現出多元的婦女形象，一一被文學記載下來。而隨著時代進步，女性作家始有能力為己發聲，男性作家也開始撰寫不同於傳統的女性面貌。我想透過這項出版計畫，將以古典文學推展至現代文學，自《詩經》開始到清初、民初，乃至現今臺灣的作品，皆逐一囊括。

出版願景即是讓關切女性權益的現代讀者，得以梳理文學長河中的婦女處境、心態，藉此增添自身獨立思考的深度，繼續促進現今性別權益發展。盼能對中國文學中的女性群像進行檢視，並透過揭示每個時代的女性形象，拓展現代女性書寫的可能性，同時增加讀者對性別議題的省思能力。

有關「出版計畫書」的編寫，除上述內容以外，還須包含強、弱、機、危的客觀分析，即呼應到一開始所提及的「出版產業需以金錢支持其理想與抱負」。此時，課堂上對出版產業內部結構、困境的討論，便派上用場。我深刻理解到，作為編輯需抱有對文學的高度熱忱與信仰，但同時仍需考慮現實世界的利潤收益，無論是在文學領域，還是在商業上的素養，缺一不可。

七　結語

經過本學期的實習過程，使我徹底明白了出版產業、編輯工作所存在的意義，讓我對編輯工作更加嚮往。同時，我也十分期待往後能在這個領域裡，繼續抱持對出版產業的熱忱，好好發揮大學四年來所積累的專業能力。

國文系的出路：出版產業大哉問

陳佳旻
國立臺灣師範大學國文學系

一　前言

很高興能夠修到張晏瑞總編輯所開設的實務課程。在整個學期的課程安排與實作體驗之下，除了瞭解出版產業中的各種大小事，更學習到傳統產業面臨衝擊時，為了求生存所做的轉型與改變。雖說，紙本圖書現今已漸漸萎縮，但仍有不少的愛好者。同時，我認為要踏入一個行業，就要從最基本的知識開始吸收，這也是這個學期中，在實務實習上，所深刻體會到的收穫。

二　課程初始

（一）你要上戰艦還是養老院

出社會選擇工作，你「要上『戰艦』還是『養老院』？」這是總編輯的第一堂課，令我印象深刻的一句話。身為文學院的學生，出社會後是否能夠運用課程所學，在職場上嶄露頭角？老實說，我並沒有明確的答案。

國文學系學生的出路，到底有多少？「文組無用論」到底成不成立？如何運用自己在學習過程中所獲得的知識？這堂課的課程目標，就是讓我們獲得應用所學知識的技能，轉化為能力，在職場上能夠「所學即所用」。畢業後，工作的時間，在職場上工作的時間，大約會有四十年。若是一開始就住進養老院，後面的日子，該如何度過？如果一開始願意面對挑戰，搭上戰艦，讓自己習得十八般武藝，職涯發展的道路上，將會有更多意想不到的驚喜。

（二）履歷是否一定要有照片

第一堂課的主題是職涯規劃與履歷撰寫。總編提出一個顛覆我以往對於履歷撰寫認知的問題：「履歷上，是否需要放上個人照片？」

原先我的想法是，一定要在履歷上，放一張乾淨整齊的個人照。除了能讓面試官知道自己的長相之外，更能在初次見面之前，先拿到一個印象分數。除此之外，許多求職網站都會建議求職者在履歷中附上個人照以及自傳。吸引目光的同時，也增加曝光的機率。

但老師卻提出一個讓我們反向思考的想法，除非是工作上有特殊需求，要求容貌。不然儘量不要在履歷上，放上自己的照片，以免造成反效果。一方面，照片會喧賓奪主，讓瀏覽履歷的主管，第一眼就看照片。我們無法掌握主管看照片的第一印象，也有可能會因為主觀印象不佳，造成淘汰，就此失去一個機會。在求職的過程中，最重要的是個人能力的展現，而不是先因為外表，才進一步得到評價。

（三）編輯一本書的學期目標

除了正式課程之外，第一堂課也介紹了這學期的主要目標：就是實際編輯一本書，從撰寫到出版，完整參與整個流程。出版編輯實務工作，想必有許多普通人無法想像的細節以及秘辛。我希望能夠在參與課程作業的過程中，更加認識出版產業的相關事務，了解企業文化的同時，也能知曉自己在畢業後，是否適合投入出版產業。

三　從出版到文創的內容產業

（一）出版的定義

對於「出版」的定義，廣義的來說是「將作品公諸於眾」的行為。而狹義的解釋是「將作品以『出版品』的形式，在市場上進行流通或販售。」

我覺得最大的爭議在於「是否有經過販售的動作」。個人認為，不一定要經過交易行為，也能稱作「出版」。像是老師和同學在上課時，提到《聖經》。有許多傳教人士，會在捷運站或是學校周邊發放《聖經》的故事。有時，是一紙傳單，有時是一本小冊子。像這些東西，都沒有經過金錢交換，就在大眾之間進行流通。我們能說這些內容，是經過「印刷出版」的最主要原因，就是「公諸於眾」的行為，而非「是否產生交易」。

老師的下一個問題：什麼是「出版品」？廣義來說，是指「透過出版行為，製作出來的產品。」狹義的說法是，獲得「國際書號」並經過「出版機構」印刷並流通。若從狹義的說法來區分，有申請國際書號的，便是「出版品」；沒有申請國際書號的，則稱之為「印刷品」。

（二）出版產業的內容與型態

出版產業的內容，可分為四項：一、出版活動（編輯）；二、出版發行(銷售)；三、印刷工作；四、數位出版。出版產業的範疇，包括：圖書、雜誌、報紙、動漫、影音、電子書等。臺灣的圖書出版社，多會同時兼營雜誌出版。而報紙的出版，因為出版頻率較為密集，大部分都是獨立營業。動漫的出版社，多是以代理日本漫畫為主，並培養少數的臺灣漫畫家，但多數比例，都是代理翻譯海外作品居多。

出版活動，是一個大量仰賴外包的產業結構。編輯的內容，又分為：排版、校對、設計、印刷等等眾多工作。因為要節省成本，所以臺灣的出版產業，多是將工作外包，盡量按件計酬，以達成節省固定人事成本的開銷。然而，此現象則造成臺灣出版產業的特殊情況，光是符合政府定義的「出版社」業者，就有上萬家。但實際上，每年有出版三本書以上的公司並不多。除此之外，整體出版產業，都屬於中小企業。成立門檻低，規模不大，且多為私人獨資、家族化經營。由於遷就大量外包的業務型態，出版產業百分之九十都集中在雙北地區，具有高度的地理集中性性。這些條件，讓臺灣的出版產業，與國外的出版社在經營型態上，相差甚遠。營業規模太小，就無法對上、下游廠商產生影響，導致議價談判時很吃虧，作為內容生產者的價值，無法發揮。此外，小出版社對大經銷商來說，地位不平等。因此許多出版社會聯合起來，集團化經營，成為規模較大的出版單位，爭取並創造對上下游廠商的談判空間。

（三）地獄般的無限循環

近幾年，隨著科技的進步，網路上的資料爆炸。任何人都可以透過網際網路尋找到書籍中所記錄的知識。在大環境的影響下，造成出版產業的崩壞。銷售額直線下降，書籍不再是生活中的必需品。雖說出版產業受到衝擊，但紙本書籍的需求，卻不會完全歸零。出版產業面對的挑戰，是必須尋求轉型。下一個目標，便是將書籍內容，改用其他的載體呈現，把訊息更廣泛地傳遞到所有人手中。

目前圖書出版發行陷入一種迴圈：為了讓讀者買單，而大量出版書籍，造成新書銷售週期短，退書率提高。造成庫存大量累積，以及倉儲管理的費用增加。倉儲成本，是一種隱性成本，當成本提高，行銷方式有限，又無法提高銷售獲利的情況下。最後，出版社選擇出更多的書，進入地獄般的無限循環。

（四）外在環境的限制

再加上外在市場環境的影響，像是：少子化衝擊、圖書市場萎縮、區域經銷商消失、連鎖書店成長等因素，讓出版產業的經營更加困難。數位化浪潮，對傳統出版的影響很大，但小出版社，從人力、資金不足開始，變成受制於數位出版平臺。但平臺營運方式不透明，加上原出版社數位版權有限，以及政府採購法的限制……等等，限制了數位出版的發展，最終導致出版社無法在數位化的過程中轉型。而對實體書店影響最大的就是消費者購書通路的改變，網路書店的興起，造成圖書銷售市場的改變。

（五）面對挑戰的方法

如何面對這些挑戰？除了開拓新的市場、積極發展電子書之外，更需要創新的模式，以減少庫存，降低出版成本。掌握海外市場，擴大銷售的對象。從廣義的出版角度思考，出版產業也不能侷限於書籍的出版，還要積極開拓其他業務，多角化經營，往文化創意產業發展轉型。

四　開門，就是要做生意！

無論做什麼樣的工作，除了貫徹理念之外，都需要考慮到成本，以及經濟效益。我認為只要跟「產業」扯上關係，就無法跟金錢分開討論。老師在課堂中，花了不少時間來討論這個問題：出版產業是「事業」還是「志業」？

若要精確地分析出版裡面所包含的成分，我覺得出版產業是「事業」的比例會遠大於「志業」。並且無論任何產業的工作，都是如此。尤其在臺灣，我們常聽到長輩們說「興趣不能當飯吃」這類的話。但是那些有辦法將自身興趣與職業相互結合的人，卻是非常少數。只能說，他們是幸運的「天選之人」。絕大多數的人，都只能向生活低頭，為五斗米折腰。並不是說為了生活，放棄理想的人不好。只是從現實的角度來看，「三餐能否溫飽」絕對比「能不能成就夢想」來得更加重要。有很多企業成立的初衷，都是源自於創辦者自己的夢想。但能維持初衷的人少之又少，只要企業規模開始壯大，問題就會接踵而至。在人多嘴雜的狀況下，好一點的情況，就是意見分歧，壞則直接分家。綜上所述，我覺得出版產業就是「事業」，不能脫離商業模式。同時，也因為不管如何，為了永續經營，即使是「志業」，做久了也會變成「事業」。從這樣角度去切入，就會更有說服力。

五　校對實務體驗與展望

在課程的安排上，總編也讓大家體驗出版社中，實際進行的各項工作。

我們第一個接觸到的項目是「打字體驗」。我們參與了萬卷樓正在準備出版的《臺灣經學家選集》的出版工作。總編讓大家實際體驗搜集書稿，並轉錄成電子檔的工作。我認為這項工作對不熟悉打字的人來說，真的相當辛苦。在繁重課業進行的同時，還要搜集書稿，並逐字完成，實在是不小的負荷。這套書的原稿，作者都是早年的經學家，當時候發表文章的排版與用字，都跟現在不一樣，光是閱讀，就令人頭昏眼花，打起字起來，就相當辛苦了。

另一項實務體驗，是「校對體驗」。我們負責的項目是由臺師大國文學系創刊，迄今將近四十年的《國文天地》雜誌。《國文天地》出刊迄今已經有四百多期，很榮幸能夠參與編輯工作。作為其中一份子，雖然只是編輯實習，但是看見自己的名字，實際出現在書上，感覺真的相當新奇。

在實務體驗的課程中，我認為最重要的部分，在於學生的實際參與操作，以及心得的統整與應用。這門課的一大特色，是教我們如何將本科所學的知識，投入到出版產業的工作之中。從實習過程中，我們也了解到，如何正確結合各項資源與經驗，進而產出一個完整的學習成果。

老師分享他在規劃課程的想法，認為：出版實習應該採取務實的教學，以小班制來進行，避免人數過多，導致成效分散。實習活動設計的原則，要以帶得走的能力為主，創造出實際工作的成果，作為實績。課程實施的過程中，曾經遇過不少挑戰，像是：學生認知不同、學校督導壓力、產品品質問題……等等，都是必須面對解決的問題。出版社辦理實習課程，從商務導向變成教學導向，其初心都是為了培養產業人才的社會責任。

六　新技術的運用與產業發展

在個人電子設備的普及下，傳統產業更需要與時俱進。就算面對毫無預警的變化，也能得心應手。九〇年代之後，電腦的產生，造成文字載體再一次的改變。人們對知識的需求，並無改變。但對於紙本圖書的需求，大幅度的減少。造成出版產業的產值，一路下滑，嚴重受創。出版成本不斷提高的同時，書籍銷售卻持續下降。在無法賣出的狀況下，這些未獲得讀者青睞的書籍，只能再度回到出版社的倉庫，也可能再也無法重見天日。

那麼，出版社要如何從困境中脫身？數位印刷的導入便可以派上用場。

而要解決問題，最簡單的方式就是從問題的本身去思考。也就是要解決倉儲問題，避免隱性成本增加。最簡單的方法，便是減少印刷的數量。透過降低印量，減少出版品成本，進一步開發可能的潛力客戶，並拓展海外銷售市場。從內需市場，擴展到國際市場，並嘗試「預售」的目標。

雖然以現今的出版市場來說，仍無法做到如此的運作模式，但若未來印刷量與物流費用減少，成本降低，出版社可利用的資金就會增加，帶給讀者更多福利。數位印刷並不需要製版，可以直接列印，省去一個複雜耗時的步驟，同時在數位印刷的操作下，印刷廠可以直接省略製版的時間和成本，就算市場的書籍需求量是個位數，也不會導致印刷費用過於昂貴的窘境。

儘管個人語意發展平臺的產生大幅度削減了紙本媒體的重要性，但出版社今日的導向是趨向合作而非敵對，這些經營個人平臺的寫手，就會是出版社潛在的邀約對象。對出版社來說，不需要花大量的成本，就可以在出版圖書之前，獲得粉絲團的支持，還能更快地掌握到現下的流行趨勢；對作家而言，除了透過出版社來累積作品，也能換個方向來增加流量。

那麼傳統出版產業要如何因應時局的迅速轉變？面對數位化的發展，應該要不斷投入新思路與新技術來更新現有的資訊，避免這些多媒體內容一直停留在相同的模式。不僅限於文字，而是隨時能跳脫出紙張模式，打造多元化的出版創意，擴大到影像閱讀、品牌經營、文化鑑賞等等創意導向的行業，才能呈現與以往不同的模樣。

七　挖掘出版市場

想要從大量重複性的出版品中與眾不同，最重要的就是設法改變愛跟風的習性。臺灣人很常會跟著他人一起行動，從特殊的「排隊文化」就可以一窺一二。但出版主題的重複性一高，就無法在市場中，找到切入點，出版品就沒有競爭力。因此，編輯需要有敏銳的感受度，除了要了解當下市場的需求外，更需要感知到其中的情緒，不論是讀者或作家的感受，都相當重要。積極的製造人與人、人與物，甚至是人與產業之間的互動，結合專業知識與技術的應用，才能創造出好的作品並成功地在圖書市場上獲得一定的關注。

那要如何選定主題，作為出版的第一步？可以將核心思維分成三大部分：藍海策略、紫牛產品以及創新模式。首先，藍海策略強調企業需要有足夠的創意與創新，尋求藍海市場進行發展，就能獲取高額報酬。努力開拓沒有競爭對手的道路、創造新需求、避免同質性產品的競爭，提高客戶獲得的性價比與降低產品的成本。再來，紫牛產品的主旨就是追求與別人的差異，想辦法突出自己的特色，在市場上具有獨佔性的話就會有一條固定的銷售通路，也可以鞏固消費族群。最後的創新模式，就是要想辦法挖掘出別人做不到的、別人忽略的的、別人不敢做的這些題材，想盡辦法讓題材多元化，才能擊中目標。

在客群清楚的狀況下，宣傳對象明顯、市場通路明確，可以避開當下的競爭對手並獲得一定的基礎聲量，就此可以達到藍海策略的目的。

以汽車來做為範例：特斯拉原先是能源公司，但公司不以能源作為產品銷售，而是以充電式的汽車來做為領頭羊，帶動能源的消耗與交易。若將這套思維搬到出版產業上，我們可以來思考，為何萬卷樓只出版學術相關的書籍？除了企業的成立宗旨之外，固定的客群、固定的市場也是企業應該要注意的地方。雖然市場所佔據的比例小，但具有獨佔性，又沒有競爭對手，因此能夠開闢出一條專用道路。萬卷樓的銷售對象大多都是學術單位、知識分子、退休教職員和學生等等有專業需求的客群，雖說人數跟需求都較少，但卻有持續發展的潛力，因此能透過專業化的經營，將品牌意識植入到特定消費者中，形成品牌印象，鞏固銷售通路。

紫牛，指的就是所謂「話題性產品」，這個產品的目的就是要吸引消費者的注意力，尋找一個突破口，造成市場區隔。利用具有特色的產品來創立市場，吸引少數人的關注與討論後，便能自然而然地產生話題，不需要特地去宣傳就可以達到推廣的效果。出版產業先以小眾讀者下手，追求展品的創新，就能吸引有特定需求讀者的關注，造成話題之後市場就會自然地被開拓。經過口碑的傳播，等到主要客群對舊產品漸漸失去興趣之後，就是開始創新的好時機，自此再度進入一個新的循環，吸引客群回購。

過去因為受限於時間與空間，多數的產業只能專注於大眾市場才能獲取利益，但在今天網路興起的時代，大眾市場的競爭激烈，想要在其中脫穎而出是件難事。但透過長尾理論的概念來經營企業，我們可以透過銷售少量但多樣的產品來獲得大量利益，專注在小眾市場，挖掘新創意與新需求，創造新通路。萬卷樓出版的圖書首刷只印兩百本，僅提供最一開始的需求，如各路網路平臺、書店等等，目的在於減少庫存，讓資金得以流動，創造長尾理論。少量印刷供應市場需求，結合數位印刷技術，創造網路直銷的新思維，提高曝光度、拓展規模同時與現今最重要的物流產業做結合，就能讓多樣商品可以涵蓋所有人的需求。

努力挖掘新的題材，達成市場獨佔，排除競爭對手。做企劃不怕前無古人，只怕前面全部都是人！只要選題的方向正確，就能避免掉之後很多不必要的麻煩。

八　結語

除了上述提到出版產業中的大小事之外，在課程中，總編也傳授了很多關於版稅、合約、企劃、交易、書號申請等等工作的注意事項。就算之後並非參與課程的每一位同學都會進入出版產業。但是透過實際操作體驗，也能知曉未來職場的大致生態及走向。實體課程結束之後，總編還給了大家更加困難的任務，讓我們可以在這些實務經驗中確定工作的流程。

在整個學期中，總編也給了大家相當多關於未來走向的建議。像是在履歷作業檢討時，他便建議大家可以多方思考，身為國文學系的學生，出路並非只有成為教師，或是擔任公職。更可以結合自身所學，勇敢向外拓展更多可能性。

毅然參與的出版產業實習課程

陳佳葳
國立臺灣師範大學國文學系

一　前言

出版實務產業實習這門課程，屬於師大新創課程，在國文學系當中，能有脫離古典文學的課程，並進行實務工作的課程十分少見。因此，看到此門課程的課綱之後，便對本課程感到興趣。然而，此門課程，雖然只有二學分，但上課時間，卻長達三節課，讓我有些卻步。畢竟，三節課的課程，在國文學系，算是一堂非常重的課。但因為想要嘗試與一般國文學系課程不一樣的學習體驗，以及想要學習圖書出版的相關知識。因此，還是毅然決然的參與本次課程。

二　課程與師資簡介

本課程主要以培養圖書出版產業實務能力為導向，介紹出版、編輯的相關技能，以及出版新思維的建構。因此，修課的同學們，需要前往合作的出版社進行產業實習，並於學期末，完成實習著作出版。

（一）實習單位簡介

本學期的實習單位，主要是在國文天地雜誌社以及萬卷樓圖書公司。這兩間公司的創立，主要是以發揚中華文化、普及文史知識、輔助國文教學為宗旨。公司所出版以及販售的書籍，以文史哲類的學術書籍為主。老師在課程中提到，國文學系的學生肯定對這兩間公司都不陌生。確實，許多課程的教科用書，經常會使用到該公司的出版品。

《國文天地》雜誌社及萬卷樓圖書公司的創立，最初是從師大國文學系發跡，由一群充滿熱忱的國文學系的老師們所發起創立。發展至今，已經將近四十年，是首間突破兩岸圖書交流禁忌的公司，也推動了兩岸學術文化的交流，扮演兩岸學術交流的重要角色。近十年，是出版產業崩壞最嚴重的十年，也是兩岸交流最嚴峻的十年。然而，萬卷樓在出版產業的發展，與兩岸學術交流之間，仍然扮演相當重要的角色和推手。

（二）課程教師簡介

張晏瑞老師進入職場已經十年，是少數具有博士學位，跨足學界和業界的出版人。目前，除了在多所大學兼課外，擔任萬卷樓圖書公司總編輯暨業務副總經理，負責圖書出版，以及國內外書籍進出口的銷售業務。因此，在課程中，晏瑞老師結合了出版與發行的實務經驗，分享在編輯工作上的相關知識。

老師提到在出版產業中，總編輯和總經理所處理的事務，有很大的不同。總經理負責賣書，總編輯則負責編書。因為負責的業務區塊不同，在銷售及編輯這兩項業務上，如何整合，讓一本好書，有亮眼的銷量，是相當重要的問題。因為，好的編輯創造的產品，能夠有助於業務的銷售；好的業務銷售的方式，能夠有助於書籍的推廣。

（三）課程導向

也因為本課程以就業、求職為導向。因此，會藉由課程的安排，提供求職訓練，以及面試技巧。會請大家撰寫一份履歷，以便未來求職的時候，不會因為履歷撰寫，而感到徬徨。課程中，老師也特別安排，一對一跟同學講解其履歷作業所需要修改，以及留意之處。

寫履歷的目的是把自己當作產品，隨時進行準備與更新，而履歷表應蓋具備的項目，為基本資料與應徵職務、學歷與工作經驗、特殊專長與實際成果以及獎項與榮譽證書，而內容也避免重複。

除了履歷之外，老師也跟大家揭密了面試的過程，告訴大家如何參與面試。老師希望透過課程，讓同學能夠將課程所學，融入到生活及就業當中。

雖然，第一堂課因為協助學校九十九周年校慶活動的緣故，而無法上線上課。但在回放課程時，對於課程所教授的內容，真的相當的感興趣。尤其是第一堂課程，就開始教如何撰寫履歷，比起一般偏向理論的課程，我更喜歡實務、動手做的課程。這也是當初我為何會一直寫信，害怕自己未能選上這門課的緣故。雖然，看到每堂課都要寫一千字的心得筆記，不免讓人有些卻步。但我相信我會在這門課程中，努力堅持下去的。

（四）課程目標

這門課程的短期目標，以單一出版社實習為主，讓學生學習到解決問題的能力。而長期目標，則會擴大實習單位，希望學生能落實學以致用，並提高實習與就業的即戰力。課程的授課方式，在前兩周將會採用同步線上的方式上課，後續視疫情發展狀況，再考慮能不能進行實體授課，實習也因為疫情的緣故，將會採用線上遠距實習，以異地工作、任務導向、線上溝通、結合課程進行，溝通的平台，主要以 Moodle 平台為主，具體的操作，會以課堂授課，以及每個禮拜撰寫課程心得、參與實習活動及出版實習成果的方式來進行。

三　圖書出版產業的發展與概況

有關圖書出版產業的發展與概況，課程分為四個區塊來說明，分別是：（一）何謂出版，（二）圖書出版產業發展歷程，（三）出版產業的內容與範疇，（四）臺灣出版產業的現況。

（一）何謂出版

「出版」的定義，個人歸納課程所述，認為：由特定單位或對象，將作品集結，整理成作品集，展示給大眾閱覽。並將作品推廣進入銷售市場。作品的內容不一定是個人的創作，也可以是群體的創作。作品的類型不一定要文字，也可以是不同形式，例如：繪畫、美術……等等。作品不一定要販售，只要給能夠公諸於眾，即可視為出版。

廣義的出版，指的是將作品通過任何方式，公諸於眾的行為。狹義的出版，是指將作品以「出版品」的方式，在圖書銷售市場上進行流通。例如：印成書籍，或以報刊的方式進行流通和販售。

「出版」一詞的使用，是因為過去書籍出版，都必須透過「製版」的方式。最早期使用雕版印刷術，透過雕刻木板，以便大量複製，製作書籍。因此，人們將雕刻木板完成後的行為，稱為出版。

何謂「出版品」？廣義的出版品，是透過出版行為所製作出來的產品。以傳播資訊、文化、知識為目的的各種產品，包括紙本印刷品，和電子產品的總稱。是傳播文化與知識的載體。狹義的出版品，則是指有取得國際書號（ISBN），透過出版機構印刷出版的書籍。

（二）圖書出版產業發展歷程

「出版產業」是將作品進行市場化的銷售，以市場經濟為基礎，進行作品推廣的專業分工的行業。因此，資本運作的特徵，變得更加明顯。

老師曾在課程中提及出版人的使命。出版人在產業裡，因為涉及到商業模式，為了作品的推廣，而無法脫離銷售行為。所以，不能夠單純以出書為志向，或堅持特定的價值觀。必須要思考到如何「營利」，才能讓出版事業永續經營。

老師提到一個相當重要的問題：「出版產業」究竟是「事業」，還是「志業」呢？老師說：「開門就是要做生意！」出版產業是內容產業，出版人往往有理想性。但如果太過理想化，很容易會因為過度投入成本，或是過度預期獲利，導致銷售不如預期，沒有資金運營，而面臨倒閉。所以，出版人在出版之前，要客觀評估書籍能不能夠帶來收益，要客觀分析市場消費者對於出版計畫的需要。看看出版這本書，能不能賺錢。因為，出版社、書商是推動文化的人，但也是商人。若想要「永續經營」的話，收支之間，要先能夠自給自足。出版社也是一間公司，所以必須「賺錢」，甚至「賺大錢」才能讓公司順利營運。

圖書出版產業的發展歷程十分悠久，早期書籍的型態為甲骨，才慢慢演變成鐘鼎，再來，才演變成石碑，而紙質文獻的產生，自蔡倫造紙以後才產生，也使得許多古代的文件，得以保存，這是書籍載體第一次的轉變。

書籍印刷的發展，由轉印複製術，始於商朝，用於印章蓋印和封泥，轉變成雕版印刷術。現存最早的雕版印刷品是敦煌莫高窟發現的，印製於西元八六八年的唐代《金剛經》。到了西元一〇四五年，北宋畢昇發明了膠泥活字印刷術，用以取代雕版印刷術，進而轉變成「活字版印刷術」，大大提升了書籍的印刷速度。

而圖書出版產業的歷史中，從夏商周時期的鐘鼎、竹簡、龜甲、刻石記事，到秦漢時期的刻石、竹簡、布帛的載體，再到東漢蔡倫造紙之後，接下來唐代雕版印刷術的產生，再來是北宋活字版印刷術的發明，接著是明代私家刻書興起，直到清代工業革命後，印刷機產生，到了民國初年，私人出版大量發展。整體來說，早期很多出版的工作，基本上都是靠政府的力量來完成，或是有政府的贊助，才得以進行。因為，印刷技術的不發達，雕版、製版的費用很高，對於書籍的出版，成為一種門檻。隨著印刷技術的進步，出版所需要的成本也大幅地降低，因此書籍出版與流通也大幅增加，進而推動了私人出版事業的興起。

（三）出版產業的內容與範疇

私人出版事業興起後，有關出版的活動，包含出版過程中，所接觸到相關編輯工作。也有出版後的發行工作，即圖書印刷後的銷售工作。另外，則是印刷工作，是編輯工作完成之後，紙本書籍前的印刷工作。還有一個部分，則是出版的教學，這門課程，便是這部分的代表。

而出版的種類，包含：一、數位出版，為數位時代的新形態出版工作，以製作、出版、發行電子書為主要工作的產業。二、圖書出版，是出版產業的最大宗，傳統出版產業的主軸。三、雜誌出版，雜誌的出版和圖書出版往往並行，但雜誌出版有特定周期，圖書則無，是最大的差異之處。四、報紙出版，與雜誌以及圖書出版不同，報紙的出版需要更大量的資本，才能維持更高密度以及高效率的即時訊息出版工作。五、動漫出版，早期代理銷售日本漫畫，並培養台灣本土畫家，隨著整體市場的改變，面臨原創力下降，大量以日本漫畫、產品經銷代理為主。六、影音出版，是以影片與音樂為主要出版的產品，與圖書出版產品不同，但也有合作的機會。

（四）臺灣出版產業的現況

哪些公司，算是臺灣出版產業？廣義來說，經濟部商業司規定，只要公司登記或商業登記之營業項目登記有圖書發行等之相關業者，即被認定為廣義的出版社。

臺灣的出版社的型態，整體而言，屬中小企業規模，百分之八十未加入集團化發展，多屬家族化經營，多為個人獨資。相關工作，採用高度外包的方式進行分工。因此，整個產業的發展，具有高度地理集中性。雙北市即佔百分之九十，其中臺北市佔百分之七十八、新北市佔百分之十二。此外，約有百分之四十七的出版社，兼營圖書與雜誌兩類的出版品。整體產業的現況來說，產品發展的界線不清，呈現高度兼容與自由化的發展。同時，因為營業規模太小，無法對上下游供應商產生一定程度的影響，導致議價談判的時候，內容生產者的價值完全無法發揮。這是圖書出版產業最致命的缺點。

今天，圖書出版產業發展所遇到的困境是：新書銷售周期短，退書率提高、傳統印刷鋪貨，大量庫存累積、初期投入成本高，回收效益低、倉儲、倉管費用，隱性成本高成本降低有限，銷售提高困難、選題企劃空轉，行銷方式有限、這些問題，也大大加深了出版產業運行的困難。

「萬般皆下品，惟有讀書高」、「談笑有鴻儒，往來無白丁」，這些都是由於早期出版成本太高，導致於書籍的取得困難，不是一般平民，所能夠接觸到的。後期印刷技術發達後，出版成本降低，創造了出版產業民營化、市場化的發展，使得知識變得普及，但也因此產生了其他的問題。

藉由這堂課程，了解到出版產業相關發展的歷史及所代表的意義。雖然有點像是歷史課，但是從發展的歷史以及名詞所代表的意義，來進入出版實務產業實習這門課程，我覺得是非常棒的安排。

四　課程精彩內容紀錄

（一）校對方法教學

有關校對的教學，我印象最深刻的兩點是：

一、在校對的時候，如果要修改的話，需要使用紅筆修改。在使用紅筆修改之後，將錯誤的地方標示出來，拉一條線到頁面留白處，再標示上修改的內容。這樣美編、編排者會清楚，也有較多的空間，可以標示。

二、假如有大量的內容要插入至文章中，或是校對的過程中，有大量內容的修改。千萬不要用手寫的方式，而是繕打到電子檔中，並將每段修改的文字，以編號的方式，區分清楚。在原稿中，則是框出修改的範圍，或是標示插入的位置，拉一條線出來，標示擬替換或插入的編號。這樣可以讓排版的人，省卻打字的功夫，加快排版速度，也更容易提高正確性。

透過校對方法的教學，以及校對作業的實作，也使得我們對於校對流程，有進一步的了解。

（二）書展活動舉辦

課程中，正逢萬卷樓圖書公司於真理大學舉辦金門書展活動。因此，把握這個難得的機會，老師也特別和我們說明了書展相關的知識。活動辦在淡水真理大學，因為路途太過遙遠，擔心下午沒辦法趕回來上課，雖然對於書展的內容十分感興趣，但還是很遺憾，無法前往書展參觀。只能夠藉由老師的介紹，對書展做進一步的了解。

老師告訴我們，這次金門書展活動辦下來，只賺了四千多塊，而成本卻花了將近三十萬。可見舉辦一次書展，需要花費的成本十分高昂。老師還進一步提到，開幕以及展場只是走個過場，反而是研討會的時候，充滿了出版社的業界，顯現出書展的舉辦目的。原來，書展有分消費型書展，以及交流型書展。交流型書展不是為了賣書給消費者賺錢，反而著重在出版社以及出版社之間的交流。而出版社以及出版社之間的交流，所帶來商業合作所產生的利益，則遠遠超過辦書展的花費。

交流型書展舉辦是以出版產業的交流為目的，但因為出版產業之間的交流，沒辦法靠賣書給消費者來獲利，支持活動的舉辦。所以交流型的書展，主要靠文化相關的基金會，以及政府的文化推廣部門來贊助活動的進行。既然文化相關基金會以及政府文化部門要贊助交流型書展的進行，所以這種書展的相關配套活動，除了促進出版產業之間的交流外，也要安排相關贊助單位的宣傳。因此，開幕式的活動，就很重要。

有關書展活動的宣傳，往往都是選擇網路宣傳，而非公車、捷運登廣告的方式進行宣傳。因為圖書銷售的利潤很薄，網路宣傳費用較低廉，也可以達到較大的效果。比起公車、捷運廣告所需要的費用，以及帶來的效益相比。還是一個性價比較高的宣傳方式。

交流型的書展雖然來的人不多，但能促進企業間的交流，很多時候，書展舉辦的目的，不是為了賣書賺取利益，而是在於書展聚集許多出版產業的同行，能夠進行出版的知識、技術之間的交流，因此即使在花了許多錢租借場地的情況下，透過賣書所得到的利益很少，書展舉辦的比例仍然相當的高。

（三）臺灣圖書最大的海外市場

老師在課程中，提到臺灣圖書在海外的最大市場是大陸。假如損失大陸市場的話，臺灣出版產業的損失，會相當大。但是，大陸市場的限制很多，又有很多政治因素會造成干擾。為什麼不開拓其他市場？以老師進入東南亞開發市場的經驗來看，現今東南亞的圖書市場，雖然華人很多，但年輕人對語文的學習，主要是簡體字和英文。傳統繁體中文的市場，已經不在。因此，不論如何努力，也很難有進一步的成長。此外，其他非華人市場來說，更是如此。

（四）數位印刷與數位出版

臺灣數位印刷技術，領先兩岸。由於兩岸印刷市場規模差距懸殊，大陸市場正缺乏臺灣數位印刷技術的支援。加上臺灣市場太小，且過於飽和。臺灣的印刷業者，積極與出版產業合作，爭取進入大陸市場，以便開拓更大的商機。

在數位化浪潮對於傳統出版社的影響，在於數位出版版權數量少，以及資訊技術人力不足。面臨數位化浪潮的情況，老師告訴我們，這是一個轉型的機會。圖書出版產業可以發展出口，開闢新的圖書銷售市場。並且直面數位轉型，積極發展電子書。一改以往紙本型態的發售，往紙本書與電子書同步發行的方式推廣。最後，則是創新思維，結合網路行銷與電子商務，創造新的圖書出版的銷售模式。迎向數位化浪潮的挑戰。

五　結語

我覺得這門課程十分有趣，因為自己本身也同時也雙主修企業管理學系的課程，雖然討論的產業不同，但是在對於整個產業的營運狀況，以及未來發展的討論上，卻有需多相同之處，像是宣傳商品的方式，以及技術之間的交流，因此對於這堂課程所提到的內容，感到非常的有興趣。

除了以上所介紹的古代圖書出版歷史之外，老師在課堂中，也提到了臺灣近代的出版產業發展，從一九六〇到一九九〇年代，是出版產業狂飆的時代，因為印刷技術最成熟，加上當時知識的載體只有書本，因此獲利相當高。當時在出版產業工作，就跟現在在竹科工作的科技新貴一樣，如果未婚的話，都有眾多的追求者，真是有趣。

一九九〇年代，數位時代網際網路興起，書籍載體面臨第二次的轉變。從二〇一〇年開始，出版產業大崩壞，已經變成世界性趨勢。老師在課堂中也和我們探討到，受到電子產品，以及書籍載體改變的衝擊，出版業是否會變成夕陽產業？面對時代的改變，如果出版產業不呼應時代，做出改變，仍然有可能變得更糟糕。

透過這門課程，了解到許多出版產業相關的知識。雖然本學期因為疫情的緣故，無法實地前往出版社進行實習。但在老師的細心解說，以及作業的實作之下。也使我對於出版產業，有了更深入的了解，也學習到許多相關的技能。雖然很常因為作業很多，對於此門課程感到疲憊。但是從疲憊當中，所獲得的成就感，我認為是從其他課程無法得到的。因此很開心這學期能夠修習這門課程，也謝謝張晏瑞老師提供了我們許多出版的知識與經驗，讓我們受益良多。

從國文系出發的孩子：出版實務產業實習心得

陳品岑
國立臺灣師範大學國文學系

一　前言

這份心得彙整，我想可以呼應到老師在學期中一次演講中的小標——從中文系出發的孩子。我想這個是我們都可以感同身受的一點，也可以說是很戳心的。

身為一個中文系的學生，其實常常對於自己的未來，方向感到迷茫。原因很多，除了本身這個躁動的年紀，就會有的緊張焦慮，更多的是來自這個社會對於中文學系固有的刻板印象。看起來中文學系學生的發展道路很窄，但反向思考，其實也很寬廣。老一輩的人總是會問：「你讀中文系，畢業後就是當國文老師對吧？」往往聽到這樣的話，心底是滿不贊同的，但似乎也無力去反駁。因為，自己心裡，也沒有方向。這個時候，就會有一個安慰的聲音浮現：「沒事，就算你不當老師，也有很多事能做。」

若把未來的發展，局限在「教育」一途，未來的生活，可想而知，就是：考證照，教學，然後退休的公務員生活。但出版產業，可能是另一條值得我們去探索的方向。我們可能沒有辦法預測未來路上的風景，但對於我們剛開始的人生來說，充滿未知風險的道路，可能也是一條精彩的路線。

二　出版人的使命

在課程的開始，我們便談到了一個詞彙——出版人的使命。一直覺得「使命」是一個很沉重的詞，也沒有想過這個詞彙會與出版這塊版圖有關。但仔細想想出版的定義，透過出版這個行為，出版者會將出版品所含的理念、想法、情感等向大眾傳播，也就是說透過出版的作品，我們可能一定程度上會影響到社會，不論大小，若出版人沒有一種所謂的「使命感」，或是一種對自身作品負責的相法，可能會對社會造成一些不好的想法。

與其說出版人是背負著一種「使命感」，還不如說出版人是一個「篩選者」或是「守門員」。在「出版品」正式流通到整個社會之前，為自己或著是他人的作品把關。舉例來說：我們新聞在播報前，一定有人反覆的審稿。而出版人應該也需要做到這點。降低稿件的錯誤，做到這種最基礎的使命、任務，才可以去進一步談更深層的「使命」。

要有一個核心的使命真的是很不容易，這代表著出版人更需要實時記住自己的「核心觀念」，在每一次出版工作都會緊扣到這個「使命」。但目前我看到的大部份出版社，多半只是扮演守門人、篩選者的角色，看不出他們所堅守的核心使命。或許這只是我的一己之見，他們可能有核心理念，但不會把所有的一切，都圍繞這個核心使命發展。

二　出版是志業還是事業

那對於出版人來說，出版行業到底是歸類在「志業」還是「事業」呢？

這個是我個人在這堂課的內容裡，覺得特別有趣的一部分，以及課堂中針對這個部分提出的延伸問題——出版人是不是商人。

看到這個問題，只能說好現實也好真實。從最早有書籍出現時（作者案：也許當時還沒有準確關於出版的定義），並不是商業用途。但好像也還說不上是「志業」這個想法，只是單純想把事情記錄下來的動機。直到後來，隨著技術越來越進步，把作品記錄、流傳下來的越來越多。便從記錄記事，到公諸於眾，再到傳承子孫，產生出版的行為，進而發展成出版的行業，以及發行行業。最後，整體構成存有商業活動的出版產業鏈。

由目前出版業的發展及情況，其實某種程度證明了，出版不能夠脫離商業行為。出版成為志業之前，也需要有足夠的經濟基礎，才能支撐理想的落實，有好的事業，才能完成永續經營的志業。

上課中，也有同學提到關於出版產業未來可能的方向。隨著這個行業的發展，面臨了時代變遷而產生的問題。所以出版產業開始改變傳統，創造新方法試圖去挑戰、改變現況，像是與新興科技的結合，才能讓出版產業生生不息地存在著。轉型電子化、升級生產工具等的作為，無法否認，這些都是當出版產業是「事業」的基礎上，才能後續發展的可能。也可以說，能夠做好「事業」，才能更好地實現「志業」。

總的來說，老師在上課中，所引導的這個問題的討論，我個人認為：其實「志業」與「事業」中間並不是一個 or，而是一個 and，的關係。以目前整體的發展來看，這兩者的關係，更可以說是相輔相成的。

三　新手編輯初體驗

這學期對於出版產業，我們大部分都是作為一個「編輯」的身份去參與任務，所以這也是我感觸最深的一部分。

在接觸這堂課程，或者說有這次機會進入出版產業體驗實習前，我已經有心理準備，也有設想過，編輯是一個非常辛苦的工作。但真的凡事都要實際體驗過，才可能真正的瞭解。經過這一個學期的實習，初步接觸出版行業，我已經可以感受到扛在編輯身上的責任。——不是一個責任，而是許多繁瑣多到數不清的責任。想過編輯工作涉及的應該很廣泛，但瑣碎程度真的超乎一般想像。

（一）編輯的工作範圍

從事前的主題發想、撰寫企劃案開始。編輯需要考慮市場消費者心理、出版書籍性質走向，整理書籍基本資料，申請國際標準書號 ISBN、CIP 等。不論是選題，或是選文，策劃適合的主題，或者是說找到好的作品等。我認為非常重要，不論是對出版業者本身，或是提供作品的作者，這兩個身分的人，就像是伯樂與千里馬之間的關係。

沒有伯樂，千里馬是否還能成為千里馬？

因為網際網路的發達，現在的作者，即使沒有出版社的協助，也能夠讓自己的作品公諸於世。因此，老師在課堂中提到，這是一個內容為王的時代。「沒有伯樂，千里馬還是千里馬！」這句話讓我覺得印象非常深刻，我對這句話，不能說是完全的認同。更坦白的說，我是有點懷疑的。

因為網際網路的發達，對於一個創作者來說，我們有比傳統世代更多元的管道，以及更寬敞，甚至說是沒有設限的網路平臺。像是好多年前非常火熱的一句話——滿滿的大平臺。在課程投影片上，老師列出一系列的個人語意發展平臺，包含：IG、FB、POPO、起點中文網、BLOG……等。但是，我們真的能夠只透過這些管道，真真展現、表達自己的「內容」，讓自我成就為「千里馬」嗎？

我覺得可以先為「千里馬」定義——什麼是千里馬？千里馬，通常是指非常有能力的「良駒」。但同時，千里馬可以說是一種評價，由他人眼中看到自己的能力。若是沒有如同伯樂一般的人存在，如何能說自己是一匹千里馬呢？同理，作為一個創作者，假設我只是單純的一直產出，即使我心中有數不清的內容，不斷的在這些個人語意發展平臺發表，但一直沒有人看到，即使掌握了很好的內容，卻無人問津，這樣千里馬是否還能是千里馬？

當然，我能夠理解老師要表達的意思是，作者透過語意發展平臺，就能夠發表自己的作品，吸引自己的粉絲，甚至透過平臺功能，就可以鬻文收費。編輯在這個時代中，不再是壟斷，而是扮演另一種角色，有別與以往的意義。

「出版產業是內容產業，誰掌握了內容，誰就掌握了發言權。」我覺在新時代的意義中，編輯就是掌握內容的那個人。在選題的時候，便是作為一個篩選者，是他們這項工作的權力，也是一種責任——出版會讓作品流通在社會大眾之前，編輯的選文主題、內容是否會引導著社會大眾往不同的方向走，也是非常重要的一件事。

反覆的校對文字與排版確認

經過了事前的規劃、選題，更耗費心力的步驟才要出現——打字、排版、編輯、封面設計等。

打字方面，在課程的一開始就體驗了。光是打兩篇一、兩萬字的文章，我都覺得快不行了。真的沒有勇氣想像，真正在出版產業工作的打字編輯們，這兩篇文章可能只是一天中，工作的一小小部分。

打字後，還要反覆的校對文字，以及排版確認等。因為要確保最終成品是不會有問題，稿件必須經過一校、二校、三校的反覆確認，才能夠正式出版。這些反覆的步驟，都需要非常專注，一個小細節都不能落下。

文字的部分解決了，還需要與設計相關部門討論整個作品的設計，也需要設計主題的發想，並且經過雙方無數次的確認，才能迎來最終的定稿。

印刷、發行、倉儲與成本考量

要將編輯好的書籍，變為圖書市場上流通的商品，必須經過印刷步驟。對於一個作品來說，印刷的品質必須考慮，但是成本的考量也很重要。進而影響的印刷量，因為印量越多，書籍的單價成本越低，銷售所得的獲利越多。但是，印刷量不完全等於銷售量，編輯還需將倉儲、運輸費用等事後可能產生的成本納入。

隨著行業發展，為了應對成本變化、提高獲利，許多出版業者的銷售通路已從傳統經運作模式，發展為創新通路的運作模式，像是減少書籍的分銷層次方式作為應對。這些都是需要出版社的發行人、總編輯、總經理；或是編輯部、業務部、總經理多方會同，評估市場及規劃，共同決定。

到最後真正的發行，也不是一件簡單輕鬆的事。舉例來說，是否要針對某部分的客群做行銷宣傳、與物流公司的協商、廣告宣傳費用、倉儲費用、如何最大的降低退貨率，或著是在退貨後如何妥善的處理都是編輯可能要考慮的。

綜合以上，可以看出編輯在出版產業中是幾乎無法缺席每一個步驟的，而完整的流程中有太多瑣碎的小點，但這些小點又是絕對不可被忽略的，可以說一本書的誕生是非常繁瑣的，編輯真的是一個會操碎了心的工作。

這次課程中非常幸運能看到出版社與外包設計公司的溝通交流，每天看著不斷從設計公司傳來的電子郵件，彷彿有一股無形的壓力籠罩，可能才一、兩天沒打開，彷彿郵箱就要爆滿，但這股壓力又讓人很害怕打開，這便是我參與到發包稿件至設計公司這個項目的大感想。

也是因為這次體驗，我可以確定的說，編輯絕對不是一個人人都能勝任的工作，這項工作也一點都不平凡，可以說是一項非常偉大的工作。我自己也在某一堂課成做過成果雜誌的編輯，真的是從主題發想、策劃、選文做到選文排版，再到最後美編設計、課堂發表、展演形式等，耗費了將近三分之二個學期，最後還是在非常緊湊的狀況下完成的。那時的我，真的常常看到掛在天上的太陽換成月亮，再從月亮變成太陽。恨不得我可以同時做個七八件事，但也印證了一句話「時間像海綿一樣，擠一擠總是會有的。」只是我覺得，可能會被榨乾。

四　出版產業發展的困境

由於數位化的影響，出版產業在發展上遇到一定程度的阻礙及困境。也可以用一句話來形容：內容生產者的價值，是最無助的吶喊，但承受的壓力卻是最高的。

閱讀人口越來越少

少子化造成人口減少、本地知識份子外移，隨之而來的是市場上較小型的書店消失，取而代之的是大型連鎖書店興起，但這些大型連鎖書店也面臨了非常大的生存壓力，也需要以創新的方式應對。舉例來說，書店與生活結合，在一家書店中，消費者消費的不只是書籍、出版品，有時候會是為了一種生活得氛圍而到書店消費。這也是為何會有一種新觀念的出現：現今書籍似乎成為一種奢侈品，漸漸有人將書籍設定為一個不可或缺的視為身份象徵的東西。

本土創作、編輯人才的流失

除了內容創作者原創內容版權不足，更準確的說是原創作品越來越少。因為長期對這個產業的忽視，將這個產業定義為「隨便」都可以勝任，在培養編輯、企劃人才等方面都是缺失的，最是我最有感的一個現況。

首先，出版產業有個特點是：出書是有風險的，在銷售上，市場內外因素的影響下，有高度的不確定性，無法保證出版的書籍就一定成功。因此，編輯企劃對於新的創作者的作品，會相對保守。而作為一個初出茅廬的作家，也許他非常有天份，但他在長期不被看見的情況下，可能會對目前的市場失望，可能就停止創作好的劇本，而失去未來發展的機會。

另外，也可能尋找另一個市場，像是近年中國非常有名的「晉江文學網」，就是一個很大的語意發展平臺，且提供「普通」的作家能夠在網路上連載作品。

我認為，晉江文學網能被非常大的讀者群看見，進而吸引許多出版社編輯等，上該網站去搶佔商機，有效促使伯樂能找到千里馬。希望出版產業能夠更加快速的轉型及應對

這一系列的挑戰，讓千餘年的傳統產業，能有全新的感覺，真正的成為一個永不落日的行業

圖書市場供過於求

由於出版產業轉型過程中，造成書籍銷售下跌。出版社為了提高銷售量，以不斷發售新書的方式刺激消費，卻也造成了出版書籍供過於求，退書率提高的狀況。久而久之，造成更大的惡性循環。

在國內市場不斷縮小的情況下，又無法有效擴張海外市場。數位化時代的來臨，傳統出版業面臨轉型的挑戰，數位印刷便是因應市場縮小、供過於求的狀況，想控制數量而興起的新的生產方式，同時結合電商平臺，網路直效行銷，確認有效客戶訂單，且可以不用經手多層經銷商，而是直接將書本送至客戶手中。降低分銷層次，提高利潤，未來更是以結合數位出版、電子化，提高全球化銷售為目標。數位印刷的興起，改變了書籍出版印刷方式。增加的成本可以在價格方面調整。透過，多元的銷售模式，例如：圖書出版印刷銷售一條龍，運用電商銷售方式，跟進數位時代。

五　結語

感謝萬卷樓能夠配合實習課程的舉辦，不僅提供社會新鮮人至萬卷樓實習的機會，讓更多的年輕人，有機會了解

即進入到出版產業。

透過實作，我們能夠深刻體會到這個產業，同時出版產業也能接收到更多新鮮的血液。從某方面來說，也可以讓整個出版產業有創新、進步的機會。過程中可能會遭遇很多阻礙及辛苦，謝謝萬卷樓沒有放棄堅持，才讓新人有更多的機會，也讓整個行業可能有更多的火花。

總體來說，這個學期獲益良多，尤其是比起一般我們熟知、常見的出版社來說，這個學期能夠在萬卷樓實習體驗出版業務，也是一項非常特別及幸運的事。萬卷樓是由當代知識份子秉持文化傳承的使命所創立的出版事業單位，目的在於發揚中華文化、普及文史知識、輔助國文教學。在這個市場趨勢並不是很相同的時代下，能夠創新思考，堅持自己的理念，真是令人欽佩。希望，未來萬卷樓隨著產業中有更多新鮮血液的加入，除了能維持初衷外，能有更佳創新及特別的發展。

出版產業與實務的探索

陳宣竹
國立臺灣師範大學國文學系

一　前言

我常會在一本書裡尋求屬於自己的定理。與作者無關，彷彿幻境中突然炸開的泡泡那樣，讓一點點的聲響打開既有的認知。但若讀者與作者之間的關係只能透過文字傳達時，也很容易會有誤解跟不知所云的可能。於是編輯的存在與目標就變得很清晰了，若真的能做到準確表達、或者以創新的方式去傳達主題，開拓出版的新市場，那麼書便有嶄新的生命了。如何與市場需求有所連結跟呼應，事實上很考驗編輯的品味，嘗試各種可能、讓書籍的作用跳脫出文字的本身的力量，讓作用與指向的客群都變得更專業、更精緻，才能有提高書籍價值的作用。

「去做別人不做的才能活出自我」。感覺除了出版外，很多事都能套上這個道理。感覺臺灣人很怕自己被群體落下，會自覺性的去擠在流行前，尋求短暫的利益和溫暖。但這一切真的是我們需要的嗎？喜歡的嗎？有助益的嗎？其實不一定的。或許真的是因為害怕貧窮，才會這樣汲汲營營，但很多時候真正有意義的事物不真的與錢有關。我很希望未來的日子能有甚麼攫取我所有的注意力，也許是文字，也許不是，能使我安心讓靈魂牢牢扣在這份熱愛上。直到那刻來臨之前，我該盡全力充實內在跟視野，使這些有成真的可能。

一進入課堂，便意識到這堂課需要大量的準備與吸收。一方面有些擔憂，但也很期待。對於一直以來仰賴的書籍與出版社而言，一連串的流程和成果相信必定是能引以為傲的。我會以勤勉的學習，與同學們一同對編輯事務更深入研究跟實踐。

二　出版業發展與反思

在古代，私人出書以出版者的意願為第一優先，於是沒有銷量的壓力。但對於科舉用書，民間書局會自發性列印來販售，因為需求量高。民國開始，出版業蓬勃發展，因為獲取知識來源就是書籍。加上工業革命後出書越來越方便，知識載體當時也還是以紙為主，從過去官方角色轉變成商業環的一角。而西元一九六〇至一九九〇則為出版產業產值狂飆的年代。

如今，網路時代大幅改變了知識的流動，出書的目標客群也該與時俱進。書不再是人們生活的必需品了，大量資料通過網路便能獲得，出版產業產值大幅降低。出版產業經濟衰退為世界趨勢，但產業本身必須去探討、思考更多的可能。停滯不前的主要原因：舊時代的作風為大量印書並置於全國的書局，但問題是庫存過多，無法消化。

此部分主要以討論出版社發展的境況與困難，明顯感受到在其中掙扎的心酸和艱困，為此付出許多心力的業界人士真的辛苦了。在享受精裝書細緻的觸感與排版整潔的文字時，很少會真誠的意會出書過程的費工耗時，開始投入其中才會意識到還有許多不足和需要注意的部分。紙本書的商業價值或許真的難有復甦的一天，但它所承載的歷史重量及文化底蘊是人類得以引以為傲的成就之一。在知曉其重要性的同時，付出努力去延續和開創則是今日著重的目標。哪怕艱難，不去實踐便不會有任何突破的可能。從這日的課程感受到了出版業的決心，將懷著對職涯的期待和對文字的熱愛持續努力的。

另外，關於出版人是否該賺錢、志業和事業的拉扯，我們也做了一大討論。我感受到的是，為什麼熱愛書籍、守衛文化產業的人們，就得要屈於不被看好的情況？是的，現在時代變化迅速，人們對於書籍的需求是減少許多，但出版的意義不只是讓一本又一本的書籍被陳列於架上，其中所期待、所蘊含的意義該為對價值和文字的熱情。錢當然不是萬能，但生活的持續跟經營的本源仍需資本的扶持才能有一定的發展，並且若有更遠大的意念和目標，有一定的績效和商業頭腦會是更成功的經營。很希望文化產業不要淪於口號，淪落於遭人百般嘲諷的事物，即便能力仍有不足，還是希望能盡一份心力，這是我的想法。

三　書展現況

另外，課上也提到了書展的運行模式。大眾型的消費書展目標為零售消費者，折扣一高的話出版社利潤就較低。出版社號召同業舉辦書展，通過出版社社團或眾多協會、公會的人脈網絡去分享資訊。書展的主要策略除了有低價促銷清庫存以外，也會有配套活動，進行 B to B（廠商對廠商交流展）的出版產業的交流和媒合。若身為交流型書展，經費來源基本上以文化基金會、政府單位為主，當然書展活動也要配合相關單位作點宣傳。

至於書展的規劃，同一種書應該擺在一塊才能一目了然。籌辦過程中會因預算、時間、場地空間與開放度、活動規模等而受到限制，但基本上會講求最大利益化的擺設。

近幾年仍然以和對岸的交流合作為大宗，透過研討會表達對兩岸藝文交流的企圖，並且成為溝通窗口去促進各單位的交流，以及對兩岸文化的議題討論。如先前由萬卷樓圖書公司所舉辦的金門書展，便是以業界人士參與為主的活動。介紹兩岸合編的《臺灣通史》、介紹印刷技術、尋求兩岸合作契機等目的，成為此次活動的主要目的。出版即便是文化產業，不能脫離商業與經濟安排，要注意成本效益。

拓展國際化市場並不容易，進口成本太高，需求者少，但透過電子書化的模式多少有了發展的可能，所以不應該輕易放棄海外市場。出版業像是步步履冰那樣在各方面都得下工夫去維護跟關心，如何在推進文化事業的同時、維持企業經營的水平，真的非常艱辛。籌辦大型活動時的要點也相當繁雜，習以為常的書展消費，背後該是多少工作人員的費心籌備，光想像便知道這是艱鉅的任務。當然完成這一切需要超乎想像的耐心和討論，策展背後也延伸出許多已經迫在眉睫的現實，此刻暈頭轉向的我，若能在未來的日子冷靜解決問題、細心揀出錯誤，大概也不枉這時的努力了吧。

四　論版稅

版稅是支付酬勞的方式，為二十世紀初 royalty 的翻譯，具備使用費的意涵。與國家稅收不同，作者需要繳所得稅，版稅納稅才是國家稅收。使用者向版權原創者或持有者支付版稅，以此取得複製或演出作品的權利。而根據政府稅制，每個人一年有新臺幣十五萬版稅的免稅額。

基本上著作授權使用費即是版費，也就是俗稱的「版稅」。版稅制度的起源來自歐洲近代圖書出版業快速發展，早期直接給一筆稿酬，後來改以以抽成的方式支付。這源自於出版商為了降低成本，產生與作者分攤風險的想法。既符合著作權原則，也能刺激書籍生產。其中，要特別留意版稅的機制與報刊發表作品的付酬方式不同。

版稅的計算，要遵循市場機制，有市場行情，但高低之間則多靠談判技巧，在成本與人情之中拉扯。以市場機制來說，部分書籍，因為太過冷門，不一定會有版稅。

版稅率是計算版稅數額的百分比，反映版稅標準的高低。一樣沒有統一標準，由作者、著作權所有人或其代理人與作品的使用者協定。一般考量作者知名度、作品種類、品質、印量、潛在的市場需求，以及所授權利專有程度來協商。另外，複製版稅和公共借閱版稅多見於已開發國家的著作權法規。關於新的願景，目前臺灣正在試行公共借閱權，一旦發布將影響深遠，因所有圖書館借閱資料都需傳輸至國家圖書館統計，核發相關的著作金則會給相關的著作權所有人。

支付方式的部分，版稅的標準跟支付方法，完全按照市場機制以及相關的協商約定而來，分為買斷制跟結算制。作者跟作品除非有強勢的優勢條件，不然很難跟出版社進行溝通談判。出版社有責任作為培養本土作家的搖籃，版稅支付是必要進行投資的支出，但是在出版景氣不佳的情況下，要達到這樣的目標很困難。但是相關的約定往往是透過溝通談判而來，若作者跟出版社雙方的認知差距太大，溝通下來，便會造成彼此的不愉快。畢竟作家，不一定了解版稅的運作行情，也不擅長溝通；而出版社往往為了保護利潤，降低成本，減少風險，而在談判的立場上趨於強硬。

版稅制是國際出版業通行的使用作品的支付方式。在海外合作出版方面，版稅結算制也是最主要的付酬方式。版稅率一般多在百分之六到十之間，並依照市場規則進行調整。實行版稅制度，將使智慧財產權獲得重視，並能引入市場競爭機制，讓創作有價，產生優勝劣汰。版稅制的計算，科學、合理、簡便，應變性強，受幣值浮動影響小，有利於著作權的保護與版權對外貿易的發展。版稅結算制度也因此形成一個行業：版權經紀公司，又稱為知識產權公司。

版權問題與使用者付費觀念的建立，一直到現在並沒有得到非常妥善的保護。盜版或被認為無償使用的文化產品仍然猖獗。雖然方便了消費者，但對創作者而言，是極大的傷害。非常希望出版業能夠以這樣的初衷為起始，建立更完善的機制去保護作者，並且從中獲得確實的利益。

出版業畢竟是跟錢息息相關的存在，若要雙方都得到滿意的結果，應需要長期且有效的溝通。對於企業的認知，或許我們尚不能勾勒出最清晰的模樣，但透過今日的課程我們仍能意識到金錢的支出和流動著實是需要斤斤計較的，才不會在無心的疏失上損失大筆金錢。

總體而言，計算版稅這件事，實在算不上有趣。但出版食物中，攸關生存和發展的一切，又怎能被輕鬆以待？我們更應從中感受到現實層面的逼近，同時也是文化得以經營至今的緣故。希望產業的維繫，能得到政府更多的支援，以及市場高聲的應和，才不會枉費作者與出版社的心血。

五　校對的藝術

在修改原稿的作業時，我犯了不少粗心的錯誤，幸好有筆記的提醒與老師的回饋，讓我整理出一套完整的方式。

編書有一定預算，要考慮成本去做最省事的調整，所以若能直接修改排版稿就最好。紅筆劃記在要給美編排版的版本上。校對修改處要寫在四周留白處，將字、詞、句子、段落圈起來，拉到空白處寫上正確的字，不然會妨礙辨識。若需插入一首詩，可加箭頭後寫插入編號，不用重新謄寫。若要刪除就直接刪掉。

校對內容分項精細，需仔細查看，於潤飾文字、標點符號、語句排列、版面格式等都有需要注意的部分。當然對於錯字跟簡繁轉換，也要透過校對來避免錯誤。比如：校對錯別字、簡體字、異體字、古文字、脫漏字、衍文字等。方法則透過點校法、折校法、讀校法等去梳理原稿與樣稿的之間的異同。

上述的校對方法為死校，強調其忠於和原著的一致。但現今多數作者提供出版社的檔案即為電子檔，排版跑掉的機率不大。所以現在以活校的方式，講求正確性、合理性、邏輯性為主。而本學期的校對作業以死校為主，古人書籍的謄打很有可能會出錯，但還是可以做簡單的處理。如：體例跟文字上的調整。即便某種程度上已破壞原稿的完整性，但針對重要的文章訊息，一定要校正完整。圖片、表單須單獨校對，翻完後要點性閱讀。另外，校對工作是有術語的。例如：「校次」便是計算校對的次數和參與的人員，開印前的樣書確認則為「清樣」。一本書編輯校對整體的工作流程坐下來，差不多需要三個月的時間。

課程漸漸走入尾聲，關於校對的部分也已來到了新的進度，很明顯地意識到了校對工作本身所需的專注力與細心程度，過程中哪怕是微小的疑慮也需反覆推敲，著實成為一大挑戰。對於課程本身，我驚嘆於其流程安排之井然有序，看得出這樣的推動程序需要強大的工作效率以及低犯錯率的老練責編。哪怕只是部分頁碼的校對，便能讓身為學子的我們叫苦連天，若得長時間與零碎錯字纏鬥，該需要多大的能耐？這樣的能力除了仰賴經驗的累積，其方法也應系統化的掌握，很高興能透過此次課堂去整理出校對的一系列準備，相信歷經多次校對的書籍會以最完美的姿態為讀者展示，作者與出版社的心血也將不負眾望。

六　結語

從求學以來一直對自己的能力沒有懷抱很大的信心，對於未來的職涯發展更是擔憂恐懼。可這一切應都能用更多的努力和自我探索去改善，若真有所期待，更應為往後的幾十年付出更多的心力。

經過幾週的課程，我發現自己對出版業的架構跟理念有了更清晰的認知。正因為目前屬於極需尋求突破的情況，對於內部的問題和環境的體察才更加重要。哪怕一點點的嘗試，或者更積極地與外界有所接洽，都會讓出版有更多元的發展。事實上，書籍對於現代人而言，其需求已是越來越模糊沒有錯。因為知識的傳遞有了更方便的媒介，紙張甚至被視為不環保、占空間等負面的代名詞。遭受這樣的挑戰，我們能做的應是尋求優秀人才針對紙本書的可能性作出更多的突破，或者讓電子書的存在更適應社會的需要，才能在經濟的漩渦中生存。

我也非常期待自己若真投入相關產業，能對於如今的發展盡一分心力，在參與工作的過程中能更加細心、想法全面且創新，做出更多的成果。即便現在仍有諸多不足，針對出版業的需要也有了更多的想法與回饋，希望如今所有的努力跟思考都會有派上用場的一天，直至月亮向我奔來的那天。

海外交流的部分是我的嚮往，雖說中文書的市場還有所侷限，但若能以更多元的姿態和國外分享著作，將會是我心目中理想的出版。

目前在編書過程中，我便意識到自己在打字的速度跟細心度上都還有加強的空間。對於輸入法的掌握，更是認為跳脫原先習慣的方式會有更多的進步。這些都仰賴實作帶來的體認，對於自身能力不再是模糊的敘述，而是更精確的知道進步的空間與所該採用的方向。也期待之後能與組員一同製作出符合要求的書籍。

著實感受到出一本書的不容易。對於出版社而言，應很少有機會向外界人士宣傳業內的秘辛與困難。雖然一切看似都能順利進行，但業界的人員在過程中所付出的各種努力也應得到認可。當然，編輯能力也是相當重要的。但以這幾周的課程來看，似乎懂得談判、估價跟把握商機也是需要注意的部分，過程中有很多細節的部份需要注意，對於細微末節的掌握可能會大大影響結果，無論是極力降低成本抑或和作者、版權周旋的部分，讓自己更加專注於細節的處理是我期許自己能更加掌握的。

基本上數字的概估是複雜的，沒辦法一下子就抓住要領，以印刷廠報價為主步步掌握，應會有更穩固的狀況。雖然不一定會走入出版業，但對於課堂上能聽到如此細緻的分析，讓我對於每一本書的出版都更加珍惜了。雖說業界總是現實的，但書並不總是冷冰冰的文字傳遞，相信無論是暢銷書或冷門文集，都帶有出版業對書籍的一份心意，應好好體會和珍視。

修讀這門課的回首與展望

曾　韻
國立臺灣師範大學國文學系

一　關於我為什麼要修課這檔事

什麼想當編輯？「城邦原創」對我的人生有莫大影響。十七歲時，看著晨雨、Misa……等 POPO 作家們出版的作品，想著就算沒有能力寫書出書，能夠幫忙校稿也是不錯的。不僅能接觸喜愛的作家們，還能在版權頁看見自己的名字，真是一舉數得。——我就懷抱這樣的想法走到了現在。

我參加師大青年社，累積撰稿與改稿的實務經驗，從記者當到總編輯。我自學 Indesign、Photoshop、Illustrator 等軟體，增加個人技能，只待大展身手的機會。無奈因為教程、雙主修等修課時間安排，讓我無法在學期間實習。這兩年寒暑假期間，出版社實習的職缺又相當少。因為疫情，系上也暫停了暑期實習。所幸，晏瑞老師能夠到學校開設這門課程，這對我來說，簡直是天上掉下來的禮物，讓我在課程的安排下，也能夠得實務學習的機會。

二　關於實習這檔事

如果我找實習是為了增加工作經驗，那公司開實習缺額的目的呢？若是實習生出錯，公司可能需要付出更多時間或金錢成本來彌補。能夠得到的好處，可能就是有免費的人力，能夠處理影印資料、跑腿、簡單環境整理等雜事。真是弊大於利啊。

相較於正職或工讀，實習期限短則一個月，長至半年。公司可以借由實習的過程，留下有潛力的人才，並勸退不適任之人員。畢竟，若是正職或工讀生，除非有試用期，公司很難預知這個人的能力與團隊合作是否如面試時說的那般好。可有了實習過程，人的真實能力與性格便會在實習的過程中，自然地顯現出來。

三　關於編輯的工作

長久以來，我一直將文字編輯當作未來志向之一。早在國中時，就開始為此做準備。在校刊社與新聞社寫稿與改稿，抓出他人文章的錯字及不通順的地方，並將它們改得通順易讀。雖然，有時候當局者迷，偶爾也會看不出自己文章的錯漏之處。

進入國文學系後，我琢磨於用字遣字，總是想寫出富有意境又合宜的華美辭藻。經過多年經驗的累積，我發現對文字的敏銳與高要求是種優勢，但也有需特別注意的地方。

曾在一本關於編輯工作的書看到這句話：「文字編輯盡責地為作者找出用字、文法、事實上的錯誤或前後文不統一之處。」這對我而言，還不到一塊蛋糕那麼簡單，僅是三分之一塊大蛋糕。可在修改文章時，我總會不小心帶入寫散文小說時的情境。過度使用成語、倒裝句、排比等手法，或是將「被人稱讚」改成「為人稱道」。身為作者時，我可以盡情將個人特色發揮得淋漓盡致。可做編輯工作時，特別是編輯新聞稿件，最重要的是讓文章變得耐讀且易讀。所以，我至今仍在學習在作者與編輯間取得平衡。

四　關於企劃編輯

相較文字、美術、圖片等編輯，「企劃」二字顯得博大精深。如同集大成者，企劃編輯要會改文稿，要了解市場喜好，要知道用怎樣的方式呈現書籍能產生最大效益。在正式進入崗位前，先培養，並確認自己有無「三ㄑㄧˋ」。也就是：脾氣、大器、企圖心。或許能讓你鼻子少碰些灰，肚子少受些氣。

（一）脾氣

你是沒脾氣的人嗎？你是有一身壞脾氣的人嗎？上述

兩者恐怕不適合成為企劃編輯。沒脾氣的編輯，一面希望作者朝 A 方向書寫，一面任由他往 B 前進，最終稿件早已偏離基調。壞脾氣的編輯讓作者惟他是瞻，最後無非不歡而散或兩敗俱傷。導遊在不超時、不危險的情況下，可以沒有脾氣，讓遊客偷跑去買紀念品，當影響旅遊進度或安全時，態度強硬起來，阻止遊客行徑，也是必要的作為。企劃編輯好比導遊，知道何時能放任作者自由行，何時該將他拉回隊伍。

（二）大氣

因為不會永遠遇見熟識的作者或熟悉的主題，總有內文精彩但文字枯燥的作品，總有文科出生碰見滿頁理科術語的情況，企劃編輯要有海納百川的胸襟與耐心，想盡辦法融入作者的世界，歸結出作者的寫作風格與特色，合作進行中，不論作者天資聰穎或資質愚鈍，編輯必須是聰明的一方，在作者「當機」時，知道該如何重新啟動。

（三）企圖心

在我心裡認為，作為一本書的作者，會邊寫邊幻想自己的書大賣，未來能開個簽書會。企劃編輯要以與作者同等，甚至更大的企圖心，來協助書籍產出，幫助作者完成他的目標。對於新手作家而言，企劃編輯也許能激發出作者的潛能，引領他至未曾的抵達高度。企劃編輯與作者應是相互幫助與成就的關係，最終兩人都能從中獲得些什麼，而企圖心能使雙方更緊密地並肩作戰，呈現出最完美的成品。

（四）關於主題選定

不論是撰寫書籍或製作新聞，我認為搞清楚「目的」是最重要的。我們會期望成品有越多人看到越好，卻又深知不可能全世界幾十億人口全都看過。因此，我們預設主題與受眾，擬定大綱，以此決定書寫方式、用字遣詞等細節，盡可能吸引對該領域有興趣的讀者來閱讀此書。

在《新聞急先鋒》一劇中，Will 與 MacKenzie 想製作出不同以往的新聞節目，他們希望所有報導皆有真實且可信來源，而非一傳十十傳百的小道消息。他們屏棄了報導觀眾喜愛的狗血、八卦的新聞事件。因此，收視率總是高高低低，起伏不定。

除了在大排長龍的新開幕商家，可以看出臺灣人「愛跟風」的習性外，透過書店的書架，或熱銷排行榜，也能推知一二。二〇一九年，《原子習慣》一書橫空出世。此後，連續三年蟬聯讀墨電子書、誠品、金石堂的銷售排行榜。書籍能暢銷實屬不易，能長銷更屬難得。趁著這股「習慣」風潮，許多關於「習慣培養」、「意志力訓練」的書籍相繼出版。心靈雞湯類書籍更是絡繹不絕。出版方有敏銳的嗅覺，知道市場喜好是好事，但我認為出版社不能因為一味地追求讀者的口味，而出版過多與自己出版社定位不符的書籍。以我最愛的 POPO 為例，明明是以出版愛情小說為大宗，若跟風出版心靈類書籍，反而會失去自己的獨特優勢，其銷量可能也不如誠品、博客來等心靈書籍雲集之地。

五　關於聯絡

編輯的工作包羅萬象，其中人與人之間的溝通佔極大篇幅。溝通有許多方式：面談、電訪、郵件、通訊軟體等等。對我而言，最舒服自在的方式，是透過電子郵件。不像電話訪談需要即時給予回饋。電子郵件的回覆，讓人有時間可以思考，應對上又較通訊軟體來得正式、嚴謹。

關於寄信禮儀，我好像自然而然就能寫出一封合格的信件。應該說，我覺得問候語、自我介紹、闡明來信目的、結束語等內容，是很基本的書信格式。讓收件方知道來信者為誰，不會因誤認為垃圾或騷擾郵件而忽略信件；清楚闡明來信目的，減少往後溝通，造成信件往返時間的浪費。

六　關於版稅

在此做個夢，若是哪天我的書有幸能出版，我應該會選擇預付版稅的方式。因為我不喜歡冒險，我或我的作品應該沒有優秀到能讓出版社依照印刷量結算版稅。依照銷售量結算版稅，我又須承擔風險。我出書不是為了賺錢，只要該拿的錢有拿到，結算時間長短不是問題。但我也會期許自己有天能跟出版社要求照印刷量結算，等那天來臨時，代表我作職涯或寫作生涯已經發展到一定的高度了吧！

七　課程回顧之履歷撰寫

到找飯店，很多人會想到 Trivago。那找工作呢？104、1111、yes123、小雞上工……有琳瑯滿目的求職平臺，總能找到想要的工作。但不論在何種平臺，「履歷」都是不可或缺的要素，是得到面試機會的敲門磚。

撰寫履歷就像一道證明題，拆解與重組在各經歷的所學，運用數字、作品、特殊事蹟、證照等等佐證自己適合該職缺，同時也審視自己擁有的能力，知道自己還有何不足。至於自傳，即便深知它是介紹、宣傳自己的方法，我還是沒來由地害怕寫自傳，直到最近申請實習交換，才不得不提筆陳述自己的過往經歷，描繪自己的人物性格。

曾在網路上看到有人說：「大學以下的經歷，不要放進履歷。」或是「除非有一番成就，不然社團經歷不用寫。」……等言論。我認為，每段經歷都是有意義的，都會有不同的體悟與收穫，還是要端看應徵的工作職缺，再決定放與不放。不要過度聽信網路貼文。就我而言，我會在履歷中提到自己高中參加校刊社的經驗，並反思校刊社的曾韻跟青年社的曾韻有何不同，我的寫作風格有無改變，我的改稿、潤飾能力有無提升。

八　課程回顧之打字體驗

收到打字作業時，正是諸事繁忙之際。一直拖到鄰近繳交期限，才開始動工。看著近十頁，密密麻麻佈滿字的稿件，立刻開始自我懷疑——哪怕我打字速度算快，真的能在三天內打完這些字嗎？此時，正好收到「一人最多只需打一萬五千字」的通知。再回頭看著那一疊稿件，頓時覺得負擔減輕不少。但過程並不如我想像的簡單。

因為稿件中，出現許多生僻字。我會先嘗試有邊讀邊，輸入注音搜尋。若此方法無果，則轉而用手機的手寫輸入法，手寫後仍無法顯示此字才放棄，心甘情願用〇代替該字。起初還能有幹勁地慢慢查生字，打到四千字時開始倦怠，只想趕快交差。所有看不懂、不清楚、不知道、不會唸的字都用〇替代，工作速度明顯加快了，但看著一行出現多個〇，不免對草草了事的心態感到愧疚與罪惡，最終還是回到老方法，乖乖查生字。

將舊書內容打成文字檔並非易事。尤其還是《易經》相關的文稿，除了會有許多生僻字、專業詞彙之外，還有些字過去與現在的寫法不同。例如：「卽」跟「即」，總要花點時間猶豫打哪個字才好。打課堂簡報的內容或逐字稿是輕鬆的，當碰到這種專門論述又與古文相關的書籍，需要用更多耐心跟細心來作業。

九　課程回顧之校稿二三事

本次校稿的經驗是愉快的，內容只有 A4 雙面，作者文筆簡潔流暢，跟我以往校稿經驗相比輕鬆不少。身為總編，我體會到麾下編輯的重要性，總編的負擔跟編輯的努力程度成反比，編輯送來的稿件完成度高，總編只需簡單刪改潤飾，不用從頭到尾大改特改。

既然我會寫書又能編輯，何不一人當兩人用，自己幫自己校稿，既省人力又省時間——我曾天真的想過以後可以「自己當自己的編輯」。後來發現，這真的是先不要。我連報告裡的錯字都不一定抓得出來，遑論一本小說的前後矛盾與人物缺陷。俗話說「當局者迷，旁觀者清」，有一回我特別得意地將某個段落拿給編輯看，他卻反過來吐槽那段太老套了，可我仍沾沾自喜於自己的有創意。由此可知，作家不能當自己書的編輯，猶如球員不能兼任裁判，否則可能會缺而不明，錯而不自知。

總而言之，若是長篇稿件或是多篇要校對，絕對要「按時定量」，不能全部堆在同一天進行，不然絕對會非常痛苦。

記得之前曾看過一部在講「長期拖延症」的影片，比起勸諫拖延者拖延的壞處，不如直接讓他們感同身受那些壞處，讓經歷過一天看近十萬字稿件的人知道那有多痛苦，以後應該就不會再犯了。

十　課程回顧之書號申請

光是分清楚哪需書可以申請 ISBN，哪些時候要重新申請 ISBN 就花了我不少精力，再加上表單上的諸多欄位，以及「本申請單各欄位資訊請確實填寫，如有錯誤或不實，造成自己或他人權益受損，申請人應負相關法律責任。」一行斗大的警語文字，頓時備感壓力。填每個欄位就像在填指考志願序那般謹慎小心，深怕填錯又要重新來過，造成他人困擾又浪費時間。

至於 CIP，以前從未聽過此名詞，看到圖片後才發現常常在書的最後看到它，時至今日才知道它的正確名稱。記得高中時，寒暑假需寫讀書心得報告。其中一個欄位就是要填書的 ISBN，我都會直接翻到 CIP 尋找。

出版一本書跟填志願很像，都是一場賭局。出版一本書需從過往的經驗判斷銷售能力，從高知名度者獲取高獲利，然而獲利能力高，成本也會相對提高，知名度跟成本皆高也不保證一定獲利；填志願需從往年率取分數判斷落點，分數越高能上排名越前面的學校，然而獲得高分的人必定也曾付出相應的努力，付出很多拿到高分也不一定能上第一志願。有時候，運氣也很重要。

十一　不同的編輯，同樣的職責

實不相瞞，除了編輯外，我也曾考慮往新聞業發展，如此想來加入師大青年社既能練習採訪撰稿又能磨練文筆，真是一舉數得，一下累積兩種職業的技能。

言歸正傳，通識課時老師放了美國影集《新聞急先鋒》（The Newsroom）第一季第一集給我們看。在好奇心的驅使下，我把剩下的集數都看完了。發現新聞臺的編輯與出版社的編輯也有些相似處。本季圍繞著「熱那亞行動」展開，尋找、剖析各種人證物證，釐清美軍是否在營救人質行動中非法使用化學武器。新聞臺的總裁 Charlie、製作人 MacKenzie 與夥伴 Team White，隱瞞主播 Will 及職員秘密調查，待罪證確鑿後才告訴眾人整個經過。MacKenzie 選擇將電視臺內最資深最聰明的 Will 蒙在鼓裡，好讓他能擔任「Team Red」，在最後階段以旁觀者視角，點出不足之處。文稿編輯跟作者、Team Red 跟 Team White，這兩種關係有些相似，其中一方需不斷提問與審視另一方給出的東西，直到雙方解決能力所及範圍出現的問題，方能將它傳播出去給更多人知道。

出版社裡的文稿編輯與電視臺裡的新聞編輯，或許他們有著截然不同的工作步調、工作內容與工作目的，但他們都試著把複雜的故事情節或事件以最清楚明瞭的架構與文字，傳遞給一群一知半解甚至一無所知的人們。

十二　回顧初衷

除了教育以外，我相信閱讀也是改變生命的途徑之一。面對嚴峻的新冠肺炎疫情，不得不實施的遠距教學措施，如何做到「停課不停學」？相關線上學習資源固然重要，但面對網路無法連線的區域、沒有電子設備可用的家庭，書本是相對容易取得與運用的學習工具。

出版業最重要的工作是賣書給人看，書出的去，錢進得來，出版社發大財。書本不僅僅是出版社生財的工具，還能豐富人的心靈與頭腦。依照人類追求「好」的特性，只要人類還沒滅絕，出版業就不會有倒臺的那天。

書有很多類型漫畫、小說、詩集、雜誌……；書有很多內容心靈雞湯、愛情、養生、商業……，各種排列組合之下，人們總會找到一種自己有興趣的書籍。這是我一直堅信的事，也是我敢選擇往出版業發展的原因。我相信自己不會失業。因為，做出版是一份對人類有幫助的工作。

認識自己也認識出版產業的課程

黃歆喬
國立臺灣師範大學國文學系

一　前言

二〇二一年，有幸在選課系統上看到了出版實務產業實習的課程，從此讓我對於出版產業有了全新的認識。過往對於出版社，我總是充滿了夢幻的憧憬，認為能夠全天置身在文字之中，是一件相當快樂的事情。一直到課堂中實務去操作出版社的相關業務，才發現原來編輯不是一件容易的事。在一連串的課程中，我學到了如何寫履歷，明白了出版業的現況，了解到行銷的技巧，並實際操作了編輯、校對、企劃，認知到出版產業所遇到的的難處，以及未來出版產業的發展趨勢。

二　一切都從履歷開始

在課堂中，老師說道，寫履歷的目的在於生涯紀錄、求職、人生規劃。以生涯紀錄而言，主要進行回顧與反省，人生規劃則是去思索自己的未來，看想要做什麼樣的工作，過什麼樣的生活，檢視當下是否有為未來的目標做準備。應該養成每年更新履歷的好習慣，凡是讓自己感到有成就感的事情，都能在履歷上記上一筆，以便隨時進行自我反省與準備。同時，也可以作為謀職時，客製化履歷的取資。

履歷的內容，為了讓對方認識自己，有一定的要求。基本上，需要具備：應徵職務、個人專長、研究領域、學業經歷、工作經驗、榮譽事蹟、獲得獎項、專業證照、活動參與、特殊專長、實際成果……等項目。可以依照實際需求，進行調整，但大致上應該都要具備。

就個人基本資料而言，一般指：姓名、聯絡電話、電子郵件……等。學歷撰寫，要注意機構、部門名稱用全稱表現，以保持名稱的完整性。在順序上，先寫最高學歷，依序往下，並要寫上修業時間。版面要注意對齊，讓雇主一目瞭然，各單位中間空一行作為分隔線。工作經驗的呈現，可以適度地分類，也可以按照時間先後排序。如果按時間排序，則和學歷相同，由最近的時間開始填寫工作職稱與內容，並整齊寫上年份、部門全稱以及公司地點等資訊。此外，對於個人謀職有利的活動或或專長，例如：擔任社團幹部與海外志工，都可以填入。在榮譽、獎項、證照上，要寫上與工作相關的證書與獎項，例如：語言檢定成績、校內外獎項。相關資料的呈現要有序，可以分類整理，也要注意內容是否重複。

整體而言，履歷核心關鍵在於不要文章式、制式化以及感性描述，要運用條列式，精準說明數字細節，並採用客製化內容，進行邏輯分類。不要只有寫做了什麼，更要表現出做得不錯的成果。表達要簡練清楚，避免冗詞。同時要細心撰寫，避免錯誤，尤其不能有錯字，以免讓人覺得做事不夠細心。此外，比較特殊的分享是：老師建議大家，客製化的履歷，不要放個人照片，以免產生第一印象，影響履歷內容的瀏覽。如有必要，也應該投放專業、端莊的照片，以避免不必要的職場危機。若是利用求職網站，投放履歷，可以從俗，投放照片，以降低相同履歷格式的情況下，被刪掉的可能性。此外，履歷中要針對職務的需求，適度安排該職缺相關的關鍵字詞，可以置入性的產生符合職務需要的印象。另外，在撰寫履歷或自傳時，要避免使用「呼告式」用語，或是裝熟。此外，在版面安排上，履歷第一開始，就應該清楚呈現姓名、聯絡方式，但不要佔太大面積，以免貽笑大方。並且，要注意履歷內容的對齊，善用空格、空行，做出線條的效果，或是用隱性框線的表格，來作為分隔線條。

履歷中，有關自傳的部分，目的是在補充前面條例式內容中，較難呈現的內容。例如：用故事描述自己。由於人事主管瀏覽履歷時，大約只有三十秒得時間，就會產生第一印象，決定是否繼續瀏覽履歷。故自傳並非履歷的主要部分，如果要寫，字數應控制在五百字以內，最好三百字左右為宜，不要太長。內容不要重複先前條列式的部分，要著重在家庭背景對工作的幫助、工作經歷、求學經過、個人特質與工作期望，並表現出對該職務的積極性。

家庭背景的著墨，在於家庭環境賦予求職者在工作上的穩定性，以及對工作有幫助的部分，盡可能在兩行內描述完畢。工作經歷，則是在前一個工作的特殊表現，與團隊合作的群性表現。若是剛畢業，可寫求學經過中，課程或社團有助於工作的敘述，而非修課內容或老師是誰。以個人特質來說，撰寫對工作有利的為主。並可以簡單描述生涯規劃，可分為短期、中期、長期來敘述。最後要表現出應徵該工作的積極性，同時要注意，不要讓人感到求職者是在工作中學習，而是求職者的能力，能夠對工作有所助益。

除了書面的履歷，老師還分享了一些面試的技巧。像是求職網站之外，可以主動電郵個人專屬的履歷給人事主管，形成第一印象。而在投遞履歷後，也能適度打電話關心，呈現積極性。如果結果不如人意，也可以順勢在電話中詢問是否有不足的地方，詢問建議與反饋。例如：未來還有機會的話，請跟我聯繫等。另外，面試務必準時，服裝正式大方即可，多數工作，面試時不一定要著西裝正裝。如果要著西裝正裝，則應該符合身形，不要過大或過小。在應答方面，明確清楚，勿打高空，營造面試氣氛的融洽，是最重要的事。如果涉及薪資的問題，往往企業主多已有所定見。因此，面試時無需特別爭取。但可以適度的表達，自己期待中，符合自己當下的薪資水平。面試後，等待通知的過程中，可以適度打電話詢問面試結果，了解是否有工作機會。

這堂課顛覆了我以往對於履歷的一些想像。例如：不要放照片、自傳字數不必多……等等事項。而且藉由履歷的撰寫，讓我重新審視了以往的事蹟，才發現自己究竟把時間都投入在哪些事物上，並能有機會去思考還可以增加哪些經驗，剖析未來的方向。老師也開放預約，個別對於同學練習寫的履歷，給了許多的回饋。透過撰寫以及修正，讓我明白到履歷上實在有太多需要注意的事項，如果沒有人提點很容易就會疏忽。往後若要再準備履歷時，更需要處處注意，事事慎重。

三　出版也有歷史

「知己知彼，百戰百勝」，在進入出版業前，還是需要對於出版有一定程度的瞭解。老師在課堂中，講解了出版與圖書的發展歷程，讓我們了解出版產業的歷史。

（一）出版的詞源和定義

首先是出版的詞源，來自過去過去書籍的出版，必須透過雕刻木板，也就是所謂的雕板印刷，來製作書籍而得名。出版的定義，可以分為廣義和狹義兩者來看。首先，廣義的出版，一般是指作品通過任何方式「公諸於眾」的一種行為。包括：繪畫、創作、歌詞、聲音、歌曲……等，出版的作品不一定侷限在紙本或是文字，而是有著更大的範圍，重點是「公諸於眾」。狹義的出版，則是指作品以「出版品」的方式，在市場上進行流通和販售。

而所謂的「出版品」的定義，也有廣義和狹義之分。廣義的出版品，是透過出版行為所製作出的產品。那些以傳播資訊、文化、知識為目的的各種產品，包括：印刷品、電子產品，傳播文化知識的媒體，都可以總稱為出版品，傳單也可視為廣義的出版品，因為他們都有公諸於眾的行為。而狹義的出版品，專指作品獲得國際書號 ISBN，並經過出版單位製作成書籍，在書籍市場上進行流通。在此定義之下，沒有 ISBN 的作品只能被稱為「印刷品」，而非「出版品」。

至於「出版產業」，是指以出版為主的生產或銷售的產業領域，重點在於進行市場商品銷售，具有一定的獲利模式。其中，關於出版人的使命，往往在事業、志業中有所糾結。志業通常是奉獻性質，賠錢也沒關係，不求回報的。然而，既然名為產業，開門就是要做生意。那出版產業就是一個需要賺錢的行業，所以出版產業不能夠忽略獲利模式。作品必需客觀地接受出版前的市場評估，看看市場面的接受度，以及現實面的收益，作為篩選的依據，最後才決定是否出版。因此，「出版實務」也是一門教我們如何賺錢的課程。

賺錢，是商人的事；但出版人，是文化人，應該有著文化推廣的使命感。出版人跟商人之間，能否結合，成為「文化商人」呢？實際上，兩者是一體兩面的，出版產業要「永續經營」，只有自給自足，才能推廣文化，才能達成出版業的成立宗旨和使命。

（二）文字、圖書與出版

在講解出版先關的詞源外，老師也講述了文字、圖書以及出版之間的關係。

有文字就有書，然而書的載體不一定是紙張。在紙張產生之前，人們用甲骨、鐘鼎、石碑、簡牘等不同材質的物品，作為書籍的載體。所以，有紙張之前，文字內容複製不易，使得傳播受限，知識難以普及。一直到東漢蔡倫造紙之後，才有紙質文獻的產生。蔡倫造紙，讓知識的載體，發生了第一次的大改變。

蔡倫造紙初期，紙張雖然適用於書寫，但仍屬於昂貴精品，且複製不易，知識還無法普及推廣，必須結合書籍的印刷發展。轉印複製術起源於商朝，直到隋唐之際，雕版印刷才盛行。然而雕板成本高、無法重複使用。直到北宋畢昇發明活字版印刷，其可以重複運用的特質，降低了出版成本的花費。一直發展到明代，書籍製作的成本降低，私人也可以負擔。另外，加上科舉取士需要，民營書業才陸續蓬勃起來。

圖書出版對於中國歷史的影響相當深遠，也與經濟、文化有很大的關聯。從中國古代歷史來看，可以知道出版是相當燒錢的，早期的刻書坊（出版社）主要以作者委託刻書為主，成本由委託人負擔，當時的出版活動，主要是以官方為主。書籍取得並非普通老百姓能持有，只有官員、富商才有機會取得書卷，成為讀書人。因此，萬般皆下品，唯有讀書高，其實也是一種社會階層的展現。由於印刷技術進步，成本降低，書籍進入了市場經濟，知識也才逐漸開始普及。

在認識了出版歷史後，可以發現到其實出版產業也是要賺錢，所以需要考量到市場需求。以往總是估摸不到究竟出版社在出書時，都會怎麼選擇要出版哪一些書籍，現在才明白原因是回歸到最基本的市場接受度。所以出版社依然要對社會大眾的接受度與潮流有一定的敏銳度，才能在圖書市場中，創造業務佳績，也才能落實原本的創業宗旨。簡而言之，金錢對書籍出版印刷相當重要，這點從歷史中就有了很明顯的驗證，到現在依然如此。所以，或許在看似崇高的理想背後，最終還是要落實到最現實的一面，開始實踐。

四　出版現正發燒中

（一）書展開張囉

書展的重要性和出版業脫不了關聯，透過書展，能夠對於書籍的流通有很大的助益。而書展又可以分為兩種類型：大眾型的消費展，以及交流型的書展。

大眾型的消費展，目的是為了讓一般民眾參與，主要是為了帶動買氣，打響出版社的知名度。為了要讓民眾多買一些書，消費型書展，多採用折扣刺激消費，甚至可以打到五折的價格。由於零售客群折扣給很高，使得出版社利潤變得很少。所以，消費型書展會變成出版社清庫存的場域。但是為了要呈現書展活動的高度，並且吸引人潮，凸顯與一般逛書店不同，消費型書展，多半會搭配一些配套活動。以臺北國際書展為例，一個三乘三公尺的攤位，七天就要價六萬五千元，書架、擺書、裝潢還是另外計費，可見參與書展的舉辦，出版社的花費不低。

而交流型書展的運作，不是以銷售目的為主，而是著重在以交流。例如：出版社的 B to B 出版合作，進行出版產業的交流跟媒合，促成不同出版社之間的合作關係。雖然是以出版社為主，但交流行書展，依然歡迎一般民眾參與。交流型書展的場地費用，依然不低。如果在華山文創的紅磚區舉辦書展為例，三天的場地費用，就要二十多萬，還需額外加收水電清潔費等等，所費不貲。這些費用，會從文化相關的基金會、政府部門提撥預算贊助活動。所以，這類型書展的配套活動，時常會協助基金會、政府部門作宣傳。這兩種書展有著不同目的、資金來源與獲利方式，雖然書展開銷大，但背後的經濟效益還是直得投注。

至於書展應該由誰來主辦？當然不可能以單一出版社來進行大型出版籌辦，而是需要找很多家出版社，才有機會辦成一個書展。因此，書展的舉辦，多半會由出版產業所組成的社團，來主辦書展活動。有眾多出版社參加，才能夠有對外交流。例如：臺北世貿國際書展由書展基金會所主辦。此類出版產業的社團分為很多種，主要是對某一項議題有興趣的出版人，共同組成的社團。例如：圖書出版事業協會，就是對圖書出版事業發展有興趣；圖書發行協進會，則是對圖書銷售有興趣；版權保護協會，是對版權保護有興趣；商業公會，是對銷售經營有興趣。書展活動往往就是由這些社團舉辦，號召眾多出版社來共襄盛舉。

除此之外，在書展中的策展也有很多細節需要留意。其中，活動會有開幕式，需要企劃、佈置、議程、司儀……等。尤其活動議程中，關係對等的安排，會需要花費很多精神與時間。與會嘉賓名單、寄發邀請函的撰寫，也都是需要注意。另外，還有司儀該說什麼、如何介紹來賓等。開幕式是書展的重要環節，尤其交流型書展，其中的剪綵活動，邀請來賓與贊助方參與剪綵，更能顯現活動有所價值。

書展的宣傳，網路宣傳效果其實不好，原因在於網路訊息太多，書展訊息要有效投遞到可能來看書展的人身上並不容易。但依然使用網路宣傳的原因在於投資報酬率的考量。網路宣傳是在有限的成本內，能夠達到最大幅度推廣效果的方法。

課程期間，老師也讓我們觀察了第十五屆金門書展臺澎金馬巡迴展的舉辦。從中我發現到，在金門書展的兩岸交流中，具備能使得閱讀的向度與深度能夠更廣的部分。以書展而言，能讓讀者認知到有更多的讀物，由此可以促進閱讀風氣的推進，而書展研討會的內容，則提供了很多對於出版產業的思考與新的論點，讓臺灣或者說兩岸的發展可以更加進步，而兩岸的合作也能使得出版產業更為興盛，為出版業帶來新的活水。

（二）書要旅行去

出版業中，「書」是相當重要的物品，而一本書也會有它產出的歷程。書的旅程從出版社到印刷廠，再到倉儲，透過大經銷商來到小經銷商手上，進而流通到市場，讓客戶帶回。而未銷售出去的書，又會從市場回到小經銷商，再退回到大經銷商，最後回到出版社的倉儲。經過一定時間後，如果實在銷售不了，就會來到廢紙場。依照如此的順序，完成一本書的生命歷程。

以現況來說，書若太多，會造成供過於求的狀況，使新書銷售的週期變短。目前出版環境，一本書出版後，最快三個月，就會回到原出版社。由於實體書店本身就難以經營，加上經銷商不用承擔書籍銷售不完的庫存，書就會退回出版社倉庫。當第二次展開銷售時，就已經變成回頭書。而回頭書在銷售上就會進入促銷階段。如若再賣不掉，就只能等待有緣人的到來，或是進到廢紙場銷毀。

由於書的定價是固定的，出版社供應給大經銷商的折扣很低，再逐步分銷給小經銷商。在整個書的生命歷程中，最賺錢的就是物流了，每個環節都會需要物流。現今的出版社，如果要獲得較高的獲利，只能直接把書賣給消費者。圖書銷售上，是否要推動圖書單一定價制的政策，目前業界還有疑慮，一時間也無法統合。

在這趟書的旅程中，隱含著許多問題。像是新書促銷，刺激消費，是否有效打動讀者？此外，倉儲成本加上倉管人員的大量隱性成本，該如何解決？又或是傳統出版社選題策劃多仰賴版權推薦的問題，導致同質性的產品太多的問題。這些都有待產業進一步思考。出版社，總不能一直在蓋倉庫吧！

（三）出版要酷不要庫

那該如何出書而不要有庫存，並且有效控制倉儲成本呢？數位印刷技術，具有附加價值高，印刷量減少，出版成本降低的優勢。加上印刷單價成本固定，有助於評估獲利與出版效益。還能夠結合電商平臺的發展，減少門市鋪貨，能夠推薦給讀者更多其他的書，有效掌握客戶訂單。

此外還有海外市場銷售，與當地的印刷廠合作，或是賣電子書，著重在數位出版，解決庫存積壓問題、避免隱性成本增加、流動資金額度增加，形成規模經濟，結合長尾理論，通過網路都可以買到書，形成正向的循環，出的書變多，賣得也多，使用數位印刷，按需印刷，需要多少印多少，省去製版費用，降低印刷成本。

（四）改變與未來導向

透過相關技術的應用，可以些微瞥見到整體出版產業的改變與未來導向。透過定價提高、折扣提高，圖書銷售通路改變，隨著物流方式的便捷，避開店頭市場的衰退。另外，對電子書、紙本書、文化交流……等，進行多角化經營，出版社對於書籍的供應模式，也有所改變。從印刷廠直接將書本送到客戶手上，我想是未來的趨勢。此外，結合個人語意平臺的發展，如：ＰＯＰＯ原創的城邦平臺等，能輻射到更多的讀者，並跟作者談出版。整體而言，未來是個人出版時代的來臨。出版社的角色弱化，更須著眼文化創意產業的發展，並且配合網路發展，進行產品內容的調整，創造千年傳統，全新感受的出版產業。

五　出版要轉型才有未來

從圖書出版產業的歷史中可以看到，距離上一次的書籍載體改變，是在東漢蔡倫造紙時，而從九〇年代開始，書籍載體再度改變，網際網路的興起使得出版產業走進了數位化時代。網路時代大幅改變了知識的流動，目標客群也應當與時俱進，因為獲取資料可以從網路輕易取得，書不再是人們生活的必需品，導致出版產業的產值降低。除此之外，出版產業的崩壞不僅止於臺灣，而是世界性的趨勢。

面對出版產業衰落，解決方法是發展出口業務，開拓新的圖書市場，並積極發展電子書，簽電子書的版權，向國內外拓展，並尋求海外資源以及運用創新思維，如透過少量印刷，減少倉儲成本，提高出版收入，降低出版成本。此外還有透過與文化創意產業結合，IP 授權、跨域合作等，不侷限在紙本發展，爭取更多的合作與機會。對現今出版業而言，數位印刷有其必要性，如何推行零庫存，解決人力及倉儲成本，提升時間效益，將會是未來出版業轉型的重點。

六　結語

一學期過得很快，轉眼間出版實習課也來到了尾聲。過程中我認知到，再夢幻的行業，都有現實的考量。既然被稱為工作，勢必要付出相應的努力。不論是出版業的現況，編輯校對的技巧，企劃書的撰寫，或是與廠商的溝通聯絡，甚至是寫履歷的技能，這些對我而言都是初次觸碰到的領域。雖然有感到陌生不安的時候，卻又覺得新奇有趣。同時，我也發現到自己仍有太多不足之處。雖然，老師在課堂中給了我們很多彈性。但我想實際要踏入出版產業，我們需要培養的能力，還得更扎實。

因為課堂內容，我瞭解了出版業的過去、現在與未來，雖然出版業雖然在他人眼裡看似前途不樂觀，但我卻依然認為出版業正存於時代轉變之間。在科技載體的變革中，硬體設備的運作，以及創意方面的構想需要更多元，才能支撐起出版業的未來。

我很感謝有這個機會可以參與這堂實習課程，也很謝謝老師不厭其煩的回答不解之處，甚至給了我們實務操作的機會。在還沒踏入社會前，先進行職場體驗的機會很難得。雖然因為疫情，以及時間安排的原因，無法前往公司實地實習。但我還是在這個過程中，學到了很多寶貴的經驗，不僅更認識了出版業，也重新讓我認識自己。讓我知道自己究竟具備哪些特質，也讓我對未來出路有了一條新思路。

我的第一次出版體驗

楊湞任
國立臺灣師範大學國文學系

一　半夜讀校

我很常使用「文書編輯」這個職位當作我未來的預設工作，像是「生涯規劃」或「職場英文」等課程中需要練習撰寫履歷以及模擬面試，「文書編輯」四個字就會被填在「職位」那格。那時的我對於「文書編輯」一職的想像，只停留在幫原作者潤飾文句、確認標點符號以及基本排版。這堂課正好讓我多認識了一個編輯份內的工作：校對。晏瑞老師向我們介紹了八種校對的方法：

一、點校法：先看原稿，後看樣稿，逐字逐句校對。

二、折校法：原稿置下，折起樣稿，緊排原稿一起校對。

三、讀校法：一人讀稿，一人看稿。以聽的方式校對。

四、倒校法：從末尾開始，一個字、一個字對稿回去。

此種校對法可以很準確地校對「字」，校對「詞句」可能不甚理想。

五、本書校對法：從本書中其他文字，解決校對疑問字的問題。

六、他書校對法：從他書中，引為依據，解決本書校對的問題。例如：引文、述文（轉引文字）、釋文等，需引用他書確認。

七、推理校對法：上述方法都是對校，相關改錯，都有依據。但部分狀況，無法找到依據時，則透過推理的方式，做出是非判斷。這種方式，對於校書人的知識和水平，都有極大的挑戰，很容易造成無知妄改。

八、機器校對法：利用軟件，進行校對後，由人力進行最後校對修改的判斷。

當晏瑞老師介紹到「讀校法」時，向我們分享了他研究所時期「點書的故事」：學生時代的我們總是很喜歡把教授交代的作業或報告拖到死線前，才開始趕工。學生時代的老師，也是一樣。當時，許多課程都規定要點書。即於尚未斷句的古文文本中，憑自己的判斷，標註其斷句，用紅筆圈點。其中《昭明文選》、《說文解字》，需要點整本，但老師都還沒點。為了畢業，便找另外兩個室友，三個人分工合作、日夜趕工。兩個人保持清醒，一個唸書，一個點書，另一個人就睡覺。原本睡覺的睡醒後，便換他起來擔任唸書的工作，原本唸書的去點書，點書的去睡覺。如是循環，最終花費四天的時間，在最後期限前，完成點書這個浩大工程。後來三位都成為大學老師，這件事也成為三人之間的青春往事。

當時，在課堂上聽到這個真實、有趣又熱血的故事。我為這個絕妙的完成作業方式，感到嘖嘖稱奇。驚嘆它的效率和效用，同時也佩服老師和他室友們的恆心毅力和義氣相挺。我以為這個故事跟我的關係就到這邊結束了，沒想到真的發生在我身上。

這學期有關「校對」主題的實習工作，除了一些理論上的介紹外，也有實際讓我們練習、體驗的環節。我們在接近期中時，會完成打字工作，每人負責二到三篇即將出版的書籍文稿的打字工作。接著，我們就要校對其他同組組員打字的文檔，確認他的字詞、句子、排版等是否正確無誤。由於期中後到期末考繁忙的報告和考試纏住了我。我的校對工作排程一直被往後延遲，直到期末接近寒假，才著手開始校對工作。一開始面對萬字以上待校對的文稿，覺得壓力莫名地龐大。看一行、校對一行的我心想：面對這夜深人靜的夜晚，如此拖沓的校對進度，就算看到日出，我也還沒校完一份文稿吧！就在此時，我的室友跟我說了句「加油！」讓我想到一句話：「兄弟就是有福同享、有難同當。」因此我便找他過來一起幫忙，有時他念正確文稿，我校對打字檔；有時他負責看正確文稿，我唸打字檔的文字給他校對。就這樣，兩人如此高度地配合、絕佳的默契，我們僅僅花了大約三個小時，就把接近兩萬字的打字檔校對完畢，高效率、高準確度，也不用看日出，如此皆大歡喜的結局，要先感謝我的室友義氣相挺，接著感謝晏瑞老師分享的這個故事，讓我記得還有室友可以討救兵。

除了半夜讀校的經驗外，還有「對稿校正」，即直接檢視已排版後的影印文稿，檢查是否有字詞或排版上的錯誤。在對稿校正的任務之後，我又對「編輯」是什麼樣的工作更認識了一點：對稿需要很多的細心和耐心，可能少少的兩三頁就有許多細節需要注意，像是換字、換詞、標點、刪除、插入等等，在註記上都有特別的要求，無論如何，最終目的都是要讓編輯負責人便於瀏覽和修改，如果不夠細心，就很有可能有所遺漏而無法遵照原作者的想法；如果缺乏耐心，也會因草率行事而失去準確度，因此，這項工作可說是十分費神。多虧這次作業讓我知道「校正」工作的辛苦和校正人員的不容易。

二　畢業於國文學系

整學期的課程，有一週特別不一樣。有別於平常的上課教室，空間轉換到語文視聽室。這是身為師大國文人都有的共同記憶。大多是演講、說明會或分享會等性質的活動會租用的場地。

今天的演講者就是平常站在教室講臺上的教授——晏瑞老師，演講主題是關於「萬卷樓暑期實習活動」。整場演講我最有印象的是「國文學系畢業的啟發」，總共有九項：

一、把《史記》的內容，當作投射工具，即「以史為鑑，可以知興替」。老師從《史記》學習，將古人經驗應用到「職場談判」和「溝通技巧」。

二、知識 + 技術 = 能力。國文學系所教的理論是知識，實務課程所教的是技術。將理論知識與實務技術相結合，就是中文人的能力。

三、人文學科有別於自然學科，自然學科所學即是應用科學，人文科學並非沒有用，而是多半沒有找到應用的方法去切入。

四、說故事、講話都是國文學系能夠培養出來的技能，例如：廣播電台主持人、Podcaster……等等。即便不搞這些，在工作上，說故事的能力也很重要。把一件事情講得動人，往往是業務工作的致勝關鍵。

五、面對「大公司裡的小螺絲釘」與「小公司裡的大臺柱」，如何選擇，充滿了兩難。但要記住的是，不要選擇大公司的名稱，而忽略自我能力的學習與表現。

六、實習過程中會遇到種種挑戰，要勇於發問，勇於爭取，勇於表現。不然實習時間一過，也就白費了。

七、先交朋友再做生意，其實不只是做生意，實習、活動也是要先交朋友。朋友多，機會就多。

八、從陳郁夫老師的電腦教學得到的啟示：除非你可能活不下去，不然不要用幾毛錢來看事情。

九、生涯規劃，是經營人生，不只是找工作。職涯發展的目標在工作，而不是在錢。我們需要設立生涯規劃與職業探索的停損點，「平行移動」是職涯探索，不值得花費太多時間，應該盡快找到自己發展的方向，深耕發展，「穩步向上」，才是正確的職涯規劃與發展，工作的生涯規劃，才會真正展開！

我常常會想在讀了國文學系四年之後，大家會變成什麼樣子，畢業後的出路又會是如何。我最先想到的是變成以前教我的國文老師那樣的「腹有詩書氣自華」，然後當一個國高中老師，或一個等待某天爆紅成名的小作家，儘管那天似乎永遠不會來到，如果不是這兩條出路，那也會是公務員或文案寫手，以上大抵與國文學系相去不遠。

晏瑞老師大大地打破了我的想像，他研究所畢業後，進入萬卷樓工作，一路從助理開始努力，現在當上了總編輯與副總經理。推回出版社的本質思考，其實與「國文學系」的連結還是有的，不過卻增添了許多商人的氣息。特別在這場演講的這個部分，這些啟發與商業類別書籍中的「企業思維和心法」頗為類似。想必要在職場實際翻滾過，才能有這些啟發和體悟。

晏瑞老師曾經在課堂上問過我們一個問題：「做出版產業究竟是志業還是事業？」班上同學一時間答不上來，我也說不上來。但我心中直覺的答案是「事業」，畢竟出版產業也算是一種職業，需要工作賺錢才能謀生。而晏瑞老師的回答是「出版產業是志業，也是事業。」以萬卷樓圖書公司成立的核心價值為例，發揚中華文化、普及文史知識、輔助國文教學，三大使命都可以說是志業的展現。不過回歸現實，假如沒有事業、沒有生意、沒有利潤，這些看似身外之物、被清高者視為不潔的金錢，一旦從公司經營的運作中抽離，那該如何實現前面所說的三種核心價值？因此，這場演講讓我看到晏瑞老師表現出「商人」的那一面，也讓我重新思考國文學系的價值、出路及發展的可能，可說是頗有啟發。

三　編輯意識／平面的策展人

編輯意識：主體對編輯客體特有的心理反映形式。

在「百度知道」網站裡，提到「編輯鑑別信息的標準」有三：一、信息是否真實、全面、準確的反映了客觀事物的原貌；二、信息是否是讀者所感興趣的；三、預測新聞報導的社會效果發布新聞的時機是否合適。將「信息」一詞抽換為文本，並忽略第三點，我認為這兩個標準是「編輯」一職可以呈現自己思想的部分，對編輯來說特別重要。

在尚未學習這堂課之前，我常常誤以為編輯沒有施展自己想法的地方，應該會是忠於作者的想法去編排並出書，作者想要怎樣呈現，編輯就必須完全配合作者的需求，作者的意見獨佔最後的呈現。

但在上了出版實習課之後，原本的想法產生巨大的改變——我發現編輯的工作和展覽策畫其實有些類似。編輯的靈魂所在，是在於他有自己的意識和想法，去決定文稿變成出版品要如何呈現，需要思考怎麼編排文本及圖樣可以有最大、最好的呈現效果，同時也須注意這樣的編排是否曲解作者的原意；另外，換位思考，去設想讀者會喜歡怎麼樣的編排，如何配置才能易於閱讀又吸引眼球，讓讀者一頁接一頁不停地翻下去。

編輯對我來說，可以說是「平面的策展人」，編輯就像策劃一場藝術展或書畫展，這件作品的重點、精華所在，就需要被特別強調或凸顯，可能用燈光（打燈在作品的焦點上）、位置（展場中央、轉角、角落或觀眾普遍的視線高度）或周圍物件的主從角色（主角需要配角的配合，更能凸顯主角的亮點、特色以及重要性）。

除此之外，還有展覽與人事時地物的種種連結，像是作品之間的連結：哪些作品之間是相互輝映或對話的，就可能會展在同一區；作品和時節之間的連結，虎年可能就會有貓科動物相關的展覽、元宵節可能是燈籠相關的展覽；作品同樣隸屬於某個主題的串聯，就會展在同一展區，方便對照比較以達到便於欣賞的效果；作品和作者對話的連結，尋找作品對作者的意義所在，妙用巧思將意義揭示出來等等。這些展覽策畫的思考和創意跟編輯靈魂十分相仿，當我有了這些想像和連結，編輯和策展人都會是一名偉大的藝術家。

以上的思考點都是編輯表現自己想法和長才的地方，也是編輯靈魂所在、其中一大存在價值。

四　四個月，一個職業

大學的每個學期都是四個月，這是我第一次修實習課程。在過去的修課經驗中，進入課程的尾聲常常讓我感到意猶未盡，好像有點知道這門課在幹嘛了，卻又被迫與課程、與教授、與同學告別，進入長假。這種忽而斷裂的感覺有時候頗讓我感到惋惜，特別是現在學期改為十六加二週。許多教授最後兩週並沒有安排課程，而是讓學生完成報告或自主學習作業。換句話說，即必須更早跟課程告別。

「出版實務產業實習」課程充實而緊湊，晏瑞老師在課程和作業安排上十分扎實，這種惋惜的感覺似乎少了一些。儘管因受疫情影響，原本到實際現場操作參觀的實習，全面改為遠距任務進行，這對我來說非常可惜，覺得少了參與的臨場感。然而，許多理論課程、經驗分享都大多能和實作任務配合。這些要素緊密的扣合，讓我們可以更加清楚、快速地認識「出版產業」或「編輯」這項職業的大致全貌。最後，感謝晏瑞老師，也謝謝萬卷樓為師大國文學系的學生帶來這麼珍貴的經驗和回憶。

我的編輯魂，我的出版夢

劉　芸
國立臺灣師範大學國文學系

一　前言

國中時期，曾經喜歡過一部日本少女漫畫。故事描述原本對書及書店本身都毫無概念的女孩，漸漸地從每一期書店規劃的陳設主題中，找出書籍文字與生活的關聯。尤其每集副標題，都會與書名有關，結合書中愛情故事軸線的發展。這部漫畫，讓那時的我，非常憧憬能夠在未來從事一份跟書籍密切相關的工作。

高中時期，我接著看日劇《校對女王》。對編輯的印象就是可以將自己打扮得漂亮去上班，在職場上盡全力去衝刺，讓書可以得以順利出版出來，作者開心，自己工作也很有成就。未來想做的工作，其實不只一項。然而如此的劇情發展，更加深我想在出版社或書店工作的念頭。

直到大四修習〈出版業務產業實習〉，遇到新冠疫情的干擾，從只有課堂作業到實體至萬卷樓實習，認知到編輯的工作其實沒有漫畫或日劇想像那麼夢幻。以下就是我在課堂中學習到的種種編輯事務。

二　履歷撰寫

身為指考生，從小到大都沒有寫過任何自傳或履歷，平常的課程中，也沒有寫履歷的實作。大三升大四，開始尋找實習或打工機會時，也不太敢詢問其他前輩，只能自己默默上一〇四網站搜尋資料，或者下載制式表格填寫。網路上的履歷範本，五花八門，彷彿他們都過著充實的人生，這更讓我感到不知所措。雖然有心要應徵相關行業，但沒有實際經驗的我，到底要怎麼編出豐富的內容？最後結果就是：應徵過三次暑期實習，最後都沒有得到職務。究竟是不是我的能力太差，沒有達到公司需求，一直都不得其解。

在履歷撰寫這堂課中，我們學到履歷的功能可以單單是求職需求，亦或是我們的生涯紀錄與人生規劃。因此，老師建議我們應該養成定期更新自己履歷的好習慣。在履歷的製作上，不需要使用制式表格，以免陷入病歷表的作法。老師建議我們，使用空格、空行，呈現隱性線條來作為內容資料的區隔，使履歷的版面更為簡潔，更為清楚，讓瀏覽的人可以更專注在內容的部分。除了版面之外，履歷內容的撰寫，應該：精準、客製、分類、簡練、清楚，讓人能夠迅速掌握重點，是履歷呈現的關鍵因素。

此外，老師提出一個特殊的觀點，他認為除非應徵的工作，是講求外在的，例如：演藝人員、表演工作者、模特兒。不然的話，在自己所整理的履歷上，不要放自己的照片，讓人對你產生好奇。同時，專注於求職內容，不要讓自己的外表，成為履歷閱覽時的第一印象。求職履歷，不該讓外表成為篩選的條件。

上完這堂課後，感覺以前寫的履歷，真是滿目瘡痍。很多老師提及的錯誤地雷，在我的履歷都曾出現過。包括將個人經歷全部寫成一大段、寫修過○○○老師的課、沒有表達對工作的積極性，只是想到公司來「學習」………等等。整堂課聽下來，覺得三個月前的自己，在履歷撰寫的方面真的很笨拙。

最近又重新將自己履歷修正了一下，儘管經歷還是沒有很多。然而，跟當初自己胡亂拼湊的履歷相差極大，甚至自己覺得，照課堂上所述的方式排版，整份履歷排版後，還蠻好看的。透過這次課堂上的學習與修正，希望未來再次投遞履歷的時候，能不再重蹈覆轍。

三　書展規畫

小學、國中到高中，每學期學校都會規畫「書展活動」。

校園書展賣的書其實都大同小異，暢銷小說、勵志語錄、文藝書籍，還有些可愛小物……等等。對於小時候，甚至到高中時期的我來說，書一直都是很貴的商品，就算書展總是會以打折的方式促進學生購買。當時學校為了鼓勵同學多閱讀，或是多買書，常常會有買書就可以參加抽獎活動，讓學校幫你付書錢。

上大學後，比起自己的上課用書，其他種類的書籍，相對來說都便宜許多。買書成為稍微需要思考，但也不需要思考太久的事情。尤其剛來臺北的時候，很期待每年國際書展的到來。一方面可以以較低廉的價格買到喜歡的書，另一方面也可以在書展現場見到自己喜歡的作家。然而實際上發現，國際書展的人潮很多，無法讓人悠閒地把每一本書都拿起來端詳清楚。再者，自己喜歡的書不見得都在同一間出版社販售，亦不見得能在同一間出版社找到那麼多有興趣的書，可以湊到本數打折。與其如此，定時在博客來或誠品網路書店舉行的打折活動，既可以慢慢挑選自己想要的書，又可以以較為低廉的價格獲得書籍。每年期待參與國際書展的熱情也就消退了。

為什麼每年都要舉辦國際書展呢？在課程中，老師安排了一堂課，跟大家分享書展規畫的大小事。老師告訴我們書展大致可分為消費型書展及交流型書展。消費型書展最主要就是出版社打知名度及清庫存的機會，而交流型書展則是以交流為目的，會有文化基金會和政府單位與文化推廣部門贊助活動基金。書展活動中，也會安排配套活動做為基金會及政府的宣傳。書展活動舉辦下來，七天的攤位費大概是六萬五千元，還不含書架裝潢等費用，成本很高。出版社參與書展活動，實際上不是每次都能賺大錢，整體成本係算下來，反而可能是會虧錢的。

聖誕節時，認識的友人 A 在牯嶺街創意市集賣書。同時，還有不少出版社在那裡擺攤，包括臺北各高中校刊社、各式各樣文創商品的攤位。朋友 B 一同在那裡顧攤，回來後告訴我，似乎只有 A 的攤位最多人光顧。追根究柢，其他人的攤位大多在推銷新書，只有朋友 A 的攤位在販賣二手書，或中國簡體字書，凸顯出自己與他人不同的特色。

這也讓我意識到，未來如果有機會策畫書展時，除了推廣新書之外，還要增加其他與眾不同的特色，才能吸引讀者大眾的目光。

四　主題選擇與出版企劃的核心思維

「萬卷樓出版的書籍很專業，對大眾讀者來說，並沒有太高的吸引力。既然沒有那麼多人對萬卷樓出版的書有興趣，那麼為還能存活下來？而且還一直在出，越出越多？」老師在課堂中提出這個問題。

原因在於萬卷樓的客群清楚，受眾是：文史學系教授、學生的上課用書、圖書館、研究單位、對中華文化有興趣的本國人，以及外國研究中國學的學者。此外，中國市場同興趣的受眾，更是放大數倍。最近，老師還發現有一個族群「退休人士」，也是很重要的一個客群。老師上課說：「這是我們當初沒有預測到的。」

這堂課的重點便是主題選擇和企畫出版，如上面朋友擺攤的經歷所述，大家賣的東西其實大同小異，甚至可以從更方便的途徑取得。平常流行什麼，大家也會一窩風附和，例如：國、高中生流行《後宮甄嬛傳》、《後宮如懿傳》，突然間大家都貴妃來貴妃去，所有文案都是臺詞改編。又或者前陣子爆紅的《魷魚遊戲》，走在路上什麼東西都是魷魚遊戲的的物件，看久了都覺得疲倦厭煩。那麼該如何讓自己的產品能夠獨具一格？老師推薦我們參考以下三個策略：一、藍海策略，二、紫牛產品，三、長尾理論。

（一）藍海策略

由於跟風習性時常出現，例如：《暮光之城》電影剛上映時，帶動了紙本書的銷售。出版社趕緊搭著浪潮，搶著出版《暮光之城》有關或是相近主題的產品。因此市場便陷入了紅海的競爭。因此，策劃選題時，要使用藍海策略，努力開發沒有競爭、創新的商品。企劃的同時，要盡量避開與對手競爭，或使競爭無關緊要。在提高客戶所獲得的高性價比產品後，要記住藍海不一定永遠都是藍海，不能就此不變。

（二）紫牛產品

有話題性的產品或服務及為紫牛產品，可以在眾多產品中脫穎而出，並且具有特色差異。例如：在清境農場看到黑白乳牛會不會引起大家的興趣呢？會，因為在平常生活很少見到。但是面對一大群乳牛，你會注意哪一隻呢？如果出現紫色的乳牛，是不是會吸引全場的目光。不論這隻紫牛的來源為何？即使是人造的，都會產生話題性。

紫牛產品主要聚集小眾的客戶，也就是到清境農場看乳牛的人。這些人叫做少數的需求受眾，讓這些需求受眾看到紫色的乳牛，拍照分享，吸引更多「需求受眾」到清境農場來，進而產生行銷效果。透過產品及口碑傳播，不斷招攬更多客戶。最重要的是，在病毒式的口碑傳播中，要不斷創新，創造別人忽略做的、不敢做的、不能做的、做不好的產品。創造更多的話題行銷。畢竟紫牛這種特殊性商品，看一次就不會想看，就算換成綠牛也不會增加驚喜度。唯有不斷想出新的點子，才能不斷地創造驚奇。

（三）長尾理論

出版社要推出新的產品，面對整體市場的不景氣，想要創新，又怕踩到地雷，造成心理壓力。因此，老師分享了「長尾理論」的看法。網路世代，網路銷售，銷售重點並非傳統的一種明星商品，儲存著大量副本，以便銷售。而是多樣化的長銷商品，只有少量庫存，但可以維持持續性的銷售。例如：支撐亞馬遜的主要獲利的，竟然是那些長銷商品，而非典型的暢銷書這類明星商品。

老師在課堂中，舉了北大教授李零撰寫的《喪家狗：我讀《論語》》為例。大家都把孔子當聖人，從小開始背誦《論語》，附和孔子所說。李零一反大家的論點，認為孔子不是聖人，就單單只是個人。子貢說，孔子是「天縱之將聖」，當即被孔子否認。《喪家狗：我讀《論語》》這本書，便是李零以個人讀《論語》的感受，帶給讀者全新的想法。這讓我想到曾暐傑老師寫的《水豚讀《論語》》。老師可能也認同孔子是聖人，但他認為儘管孔子聖人也會在生活中遇到鳥事，甚至比我們平時遇到的破事還要心煩。暐傑老師以自己獨特的角度帶領讀者領略《論語》的樂趣，更在書中安插可愛的水豚圖片，對於身心靈都是一種享受。這樣的書分別出自身和傳統解讀經典書籍的不同，提供讀者新的選擇，也會促進市場多多提供這種能引起讀者興趣的商品。

有關企劃的部分，課堂中還提到主題可以設定與歸納。例如：萬卷樓是以發揚中華文化，普及文史知識，輔助國文教學為宗旨的出版社，出版的書籍亦必定跟中華文化與中國文學相關。在出版上，可以把主題設定在某件事上，又可以在這件事上，推向各個小節點。在此，以「遊玩」這件事做舉例，從主題的設定來說，便可以有各種不同的意義，例如：一、時間的古今，二、心境的正反，有人是被貶官的遊，有人是流亡的遊，三、目的的不同，如：孔子周遊列國、鄭和下西洋等，都不是單純的遊。四、遊的大小、抽象及具體……等。此外，主題也會因為時代的流行發展，走向更多元的選材，例如：生命書寫、情感書寫、自然書寫、飲食書寫、經典詮釋、海洋書寫、女性文學……等等。只要主題設定出來，雖然是專業學術書出版的公司，但也可以針對不同受眾，來策劃各式各樣符合自己公司出版宗旨的的書籍。

又好比散文比賽有很多書寫主題，或許某一些年大家聚焦的觀點都會在類似事件上。二〇二一年是疫情的一年，然而大家生活的經驗不同，文字所建構出來的圖像表現也會截然不同。我個人認為出版當然隨著潮流發行，但更重要的是要在內容中凸顯與其他出版社的不同，如果出版的內容是一些大家都能唾手可得，網路上搜尋得到的資訊。那麼，我在翻閱時，一點興趣都沒有，那麼就不如不要做這個主題了。與其跟著流行走，不如重新設想一個跟他人不同的主題，創造流行，或許會更吸引人。

課程中，老師分享他曾經服務過的智園出版社為例。原本這間出版社是發行和特教相關的書籍，已經培養一定的受眾。後來轉向養生、理財、設計、商業等相關市場化主題，不只沒有轉型成功，反而失去了過去的基礎客群。

我在網路搜尋了一下智園出版的養生書，風格果真如老師上課所說，很難勾起消費者的購買意願。看來追上流行固然重要，但從一開始就沒有評估好，造成後續所有環節都不在正軌上，就算內容是當時流行的書籍，消費者仍然不會買單。

五　個人語意發展平臺

個人語意發展平臺的產生，如：Facebook、IG、部落格、論壇……等等。素人作家出版的途徑大增，如果粉絲多，有票房保證，自然會受到出版社青睞，編輯也會喜歡。社群媒體的發達，讓大家得以在網路虛擬空間抒發個人的想法。博客來或誠品書店每年暢銷排行版都有上述，以個人語意發展平臺出書的作者上榜。

當老師上課講到這個環節時，一方面會支持這個平臺的持續存在著，因為國高中看過一些大陸論壇上的小說，內容真的很精彩。後來改編成影視作品，也非常吸引人。另一方面，想到每年博客來暢銷排行榜出來後，國文學系同學，總會一再拿出來討論。如此書的內容，為何能登上暢銷排行榜。上學期曾經修過蔡素芬老師的小說課，老師亦認為臺灣讀者的閱讀素質越來越差，暢銷排行榜都跟以前情況不同。

這讓我在課堂上感到疑惑和掙扎，出版社開門就是要賺錢，出版讀者會喜歡的書可以讓公司賺錢。然而，要是我被指派到自己不喜歡的作者，又必須公私分明去負責這件，那實在很矛盾。

編輯作為出版的第一線，必須為讀者做把關，也必須為公司做把關。究竟該如何做，才能同時讓公司賺錢，成功吸引讀者關注作品？而且，這個作品又是自己真心想推薦給讀者呢？當然，這大概是我尚未出社會工作，理想大過於現實，所帶來的困擾吧。出版品的性質，跟公司的經營發展，有很大的關係。要是可以，我也想以我的想法向讀者推廣自己喜歡的作品。然而如果公司沒有先賺錢，不太可能隨心所欲。出版實際上跟商業脫離不了太遠。但老師又說，出版人跟一般的商人不同，有一種出版人的使命感。這種使命感，要在理想和現實中取得平衡。這是必須一直研究的話題。

七　實習作業

課堂中做了大大小小的作業，花了很多時間打字，也做過校對工作。其中，讀校工作最有趣。進行讀校時，一開始會很猶豫到底能不能更動作者用字順序，考慮之後想說還是不要過於操心，找出錯字跟標點符號就好。後來查看老師批改後的作業，有同學很認真檢閱作者語意，幫助文章更順暢。我覺得，這個作業，我應該更放手去嘗試和體驗。

疫情較為和緩後，得以進入萬卷樓實體實習。在辦公室實習中，最讓我印象深刻的是坐在我身旁的校對編輯。

有天她交予我一小份論文幫忙讀校實作。讀校這份工作在課堂作業就已做過，當下想說那應該是不太困難。翻閱一下前面編輯的校對痕跡，某種莫名不安的情緒漸漸在心中升起。因為那篇論文的語意有很多不通順之處，常出現重複字在一個句子中。然而編輯不只協助修正錯誤標點符號，還幫忙將語句潤飾順暢。在實際操作的當下，並不會因為通篇語意不順而覺得煩躁或認為這個作者很不會寫之類的，反而是打從心底體悟到自己讀過的書還不夠多，沒辦法像身旁的編輯運用真正文字技巧做修正。

讀校結束後，我便詢問身邊的編輯：「我該怎麼知道這邊的文字可以這樣改，要是改掉了作者不滿意，又或者說我其實改的比作者還糟怎麼辦？」編輯很親切回覆我：其實不用太擔心，更動我們確定的錯誤會使用紅筆，更動我們不確定的部分則使用鉛筆。有的作者會先提前說他的作品不想被更動，所以要是作者真的不想要被這樣改，那也沒問題，可以再更動回來。

除了校對工作外，還做過點校、包書、將論文引文全部更動為標楷體，調整體例………等工作。從工作中實證上課所學，一位編輯在一本書出版的過程需要負責大部分的工作。除了作者外，編輯實在是出版成品的大功臣。

六　結語

在這一整個學期中，深刻的體驗到，在出版產業工作，其實沒有想像中的光鮮亮麗。尤其我小時候都沒有意識到，出版社每天開門，並不是做慈善產業。和其他行業一樣，也必須要賺錢，才能繼續經營。因此，行銷也是出版產業中重要的一環。在課堂中，老師要求我們練習的打字工作，亦讓我體認到編輯所要具有的細心及耐心。古文打錯一個字，就可能造成後面文意上的落差。課程後期，至萬卷樓實體實習，坐在辦公室裡，親自體會上班的氣氛，雖然工作跟課堂作業差不多，然而實際感受卻有蠻大的差異。

在上課及實習中，會有很多莫名其妙的煩惱。諸如：要是我不喜歡這個作者的作品該怎麼辦？要是我跟各方無法做到溝通順利該怎麼辦？要是到最後發現根本不喜歡出版行業該如何是好？……。整個過程就像想要飛在天上，卻還沒有先學會腳踏實地。後來想想，可能在這學期中，學到一點關於編輯實務，亦認識到編輯工作，不如想像中輕鬆。但我還是很期待出現像日劇《重版出來》的劇情，結合出版業各種角色的力量，讓自己負責作者的書籍能夠一本一本銷售出去，甚至再版。

撥雲見日：出版品之版稅解謎及出版力之新思維建構

劉海琪
國立臺灣師範大學國文學系

一　帶著不解來到課堂

出版行業不景氣的印象，好像自高中時就已經存在於我的腦海中了。忘記是上課時老師分享的資訊，還是透過其他媒介知曉，但這些都不影響出版產業低迷的事實。還記得先前某次找兼職的經歷，在求職網站上看到某家出版社的編輯工作，抱著好奇心點了進去，先不論工作內容為何，讓我印象深刻的還是兩萬多的薪資，竟與超商門市人員的薪水並無差距，那時的我有些難以接受這樣的現實，不符合原先我對於這一職業的期待。

這個疑惑就此深埋心底，直至今年看到系上開了一門「出版實務產業實習」的課程，就想來此一探出版產業的究竟，同時也希望在課堂上找到編輯薪資不優渥的原因。

如今課程結束，結合課堂所學，仔細忖思，這樣的薪資好像就合乎常理了，不賺錢的產業自然要降低成本，而低廉的薪水是減少人力成本的一大關鍵。在原先的觀念下再連結老師上課分享的行業現狀，出版產業面臨的難關似乎很多，如閱讀風氣的改變、數位化浪潮的衝擊、出版市場的萎縮等等。這些挑戰，若不一一克服，想來不光是出版編輯的薪水少，甚至連出版產業的老闆也即將要喝西北風。

上述的問題有些似乎有解決之道，有些卻很難在短時間內有所改變，以下針對老師上課分享的資訊闡述我個人的想法。

（一）閱讀風氣的改變

閱讀風氣的改變跟科技的進步、網路世界的興起有密不可分的關係。六、七〇年代出生的人們，娛樂活動不多，而閱讀正是其中之一。文字構築的奇妙世界吸引了人們的目光，徜徉在書本的幻想國度中，人們或成為武林高手，或成為絕世美人，閱讀對他們來說是一種放鬆的休閒活動。

反觀現代社會，電視、手機、電腦、遊戲機的出現，給予了人們豐富的娛樂體驗，閱讀帶來的感官享受遠不如新時代的科技產品炫目，且以獲得愉悅感受的容易度來說，閱讀要透過文字的媒介經由腦力想像建構快樂世界，而科技產品則用圖像的形式呈現，人們不需費力動腦，快樂來得更容易。

閱讀漸漸與無趣、枯燥產生連結，閱讀風氣自然一落千丈。檢視出版業種種困難，我以為閱讀風氣最難改變。

（二）數位化浪潮的衝擊

針對數位化浪潮的衝擊，人們購書的方式逐漸偏向網路，這確實對實體書店造成了不小的影響，其中最受影響的便是獨立書店，但這一問題並非毫無解法，實體書店也可以架構自己的網路平臺，或藉由蝦皮等網路商城解決這一問題。而論及知識載體的改變，即圖書電子化的部分，這固然是一大趨勢。電子書方便、環保，成為了許多人的選擇，但我認為在近三十年內，紙質書本依舊不會被取代，除非人類學習的方式產生了質的改變。因此，針對知識載體的部分，我認為應積極發展電子書，對紙質書籍以樂觀的態度待之。

（三）出版市場的萎縮

最後是出版市場萎縮的問題，或因閱讀風氣改變的原因，臺灣出版市場帶來的效益有所減少。面對這個問題，我認為最先要做的是穩定已有的客流，不讓原先的客人流失，緊接著開發新型的銷售模式及配套活動，以此吸引潛在客戶。在處理好臺灣本土的市場外，下一步就是拓展海外圖書市場，臺灣圖書強於大陸圖書的一點就是臺灣圖書的紙質遠遠優於大陸。優良的圖書品質是吸引海外客流的一大要素。而針對大陸市場，因為簡、繁字體的關係，為了大陸消費者考量，原本我認為臺灣圖書賣往大陸之前，或許可以將繁體字轉換成簡體字，方便大陸讀者閱讀。但老師在上課時提到，如此一來，生產成本就增加了。加上臺灣圖書進入大陸，並非暢行無阻，同時出版社要解決庫存問題，只能先把倉庫裡的書賣掉。

二　出版品之版稅解謎

（一）版稅的定義及計算方式

版稅即作品授權的使用費，使用對方的智慧財產權時有償地給予對方費用。版稅對於著作權所有人而言，是一種收入。版稅與政府的稅金無關，版稅是一種支付酬勞的方式，其實就是使用費的意涵。總而言之，現在我們所說的版稅並不是繳交給國家的所得稅，而是指著作授權使用費，或更直白一點的說就是版費。

版稅制度最早出現在歐洲，因為當地圖書出版業的快速發展、職業文字工作者的出現，以及作者著作權應受保護與尊重的觀念興起，支付著作使用費的制度由是出現。在一開始，版稅並不是使用現在出版產業常用的方式來計算使用費，而是用基本稿酬制度，按件計酬或按字計價。隨後因時代的改變及市場的需求，出版產業才發展出現今常用的版稅制度，即買斷制、階段制，此些制度更符合著作權保護和利用的目標，同時也更能刺激圖書的創作。

現代社會中的各種出版品的版稅計算方式不同，如：圖書版稅等於圖書定價乘以圖書印數或銷量乘以版稅率；戲劇、音樂、舞蹈等作品的版稅則為票房總收入乘以版稅率；錄製版稅則等於錄製品單價乘以錄製品發行數乘以版稅率。為了市場銷量，出版社往往會透過更優惠的版稅條件來與其他對手競爭暢銷作者，又或是以各種不同的條件爭取優秀的作品出版。在僧多粥少的強況下，市場競爭性加強，但也提供了優質創作者更好的個人收入與生存環境。

（二）版稅的訂定原則

圖書版稅的訂定需要考量多種因素，像是作家知名程度、作品品質、市場需求、印刷數量等等，並非出版產業隨性而訂，其中含有許多商業哲學。對於出版產業版稅的訂定以及出版業與作者溝通的過程，老師透過與同學進行角色扮演，用直接、有趣的方式將現今的出版產業現況呈現在我們面前。

老師與同學的行動劇傳達了「版稅溝通的過程完全因應市場機製」的概念，作者名聲大，具有眾多忠實讀者，或是作者的作品內容有趣且富有深度，經由編輯評估其於市場上受眾從而賣得出去的話，版稅自然而然有溝通調整的空間。若是作者名不見經傳，或者作品不受讀者歡迎，其版稅溝通的空間自然很小。

除了市場機制對版稅的影響外，少數國家也會由政府訂定相關的版稅標準，像是對岸的大陸，為了扶持文化產品持續地生存及發展，其對於學術性書籍，以及對於保存文化有幫助，但讀者受眾群較少的出版品，制定了相應的保護政策。以此反觀這類型的政策，在臺灣施行的可能性，可謂是幾近於零。因為，臺灣是自由市場經濟，而大陸則是社會主義市場經濟，將市場經濟及社會主義基本制度結合，在國家宏觀的操控下，利用市場機制分配社會資源和引導經濟發展，與臺灣自由市場的競爭不一樣。

那學術書在臺灣就沒有相應的保護措施嗎？其實不然，雖然學術書的市場狹小，一般大眾較少購買，但各地大大小小的圖書館必會購入。一本書放在圖書館給這麼多人看，對出版社或作者看起來似乎並不是一件划算的事，但政府最近積極研擬「公共借閱權政策」，依據書籍被借閱的次數，政府回饋一定的經費給出版社、經銷商、作者。藉此來支持學術、文化的發展。

「公共借閱權政策」目前尚在試行階段，目前全臺只有國家圖書館及臺灣圖書館二者推行，想來不久的將來會正式上路。

（三）版稅的給付方式

版稅的給付主要可分為買斷制及結算制。買斷制即一次性結算，其依結算時限又可分為永久買斷、限期買斷。此種方式的優點在於出版社後期不用分潤、作者不用承擔風險。但相對的缺點則是出版社初期投入成本高，且具有較大風險。

結算制則可分為印量結、銷售結。印量結，是指印多少，就結算多少。優點是出版社可以給出較低的版稅率，缺點則為出版社需要承擔風險，初期成本較高。銷售結則是賣多少結多少，在每年年底銷售量統計完成之後，再結算給作者。優點是出版社可以減少風險、初期投入成本低。缺點於出版社而言，是每年結算增加人事成本，於作者而言則是一本書的利潤減少，但相對的可以爭取到比較高的版稅率。

最後，版稅的訂定是作者與出版商雙方溝通的結果。如果是強勢性作品，像是知名作家、網路熱門作品，較有談判的餘地，否則會受制於出版商。

當然，出版市場的樣態也會影響版稅的訂定，出版景氣蓬勃的時候，出版商對於版稅率有較高的通融性。因此，相較於其它時期，作者容易獲得較好的待遇。

三　出版力之新思維建構

（一）編輯企劃力之重要性

出版產業的編輯企劃力就是產業的即戰力。

出什麼主題的書？出書的形式為何？這是出版產業製作出版品的第一步。即編輯要透過自身的觀察與思考，針對市場需求、閱讀目標、基礎收益等方面進行全盤的考量，最後再整合個人的文字表現、溝通協調與創意發想等能力，構想出一個可行的出版企劃。

這個企劃就如一座高樓的地基，這個高樓是否穩固、是否賣座，都看地基的建設。由此，不難看出編輯的企劃力尤為重要。但現今出版產業裡的編輯皆如上述所說嗎？我想答案不言而喻。

想像你現在置身於某家書店中，站在暢銷書排行榜前面，目光掃過架上的書籍。你大概會發現暢銷作品幾乎有一半是國外作品翻譯而來。這樣的情形代表著什麼？我想如果用一句話總結的話，就是「臺灣本土的作品未被強力發掘，而國外作品勢頭正強。」這其實是可以被理解的行為，國外暢銷作家，如：東野圭吾、村上春樹……等作品，是銷量保證。你只要輕輕鬆鬆地買下該書版權，再翻譯成中文即可。甚至是行銷都不必花太多的精力，因為這些作家的名字就是一種行銷元素了。而要策畫出版臺灣本土的書籍呢？作者文采斐然，作品驚天動地，但讀者對其全然陌生。就算努力行銷推廣，最後的成績，未必比得過翻譯暢銷書。既然如此，編輯何必再費心費力地發展本土作者呢？

現實的出版產業情況雖是如此，但我們依然要警覺，臺灣本土作品的開發才是臺灣出版產業延續的根基。那要如何針對臺灣本土作品提出優秀的企劃呢？這與編輯的多元思考和願景有極大的關係。

多元思考讓之可以將他人看來枯燥無味的主題脫胎換骨，透過有創意且趣味性的設計，使之成為有市場、吸引讀者的出版品。而願景則是出版人、編輯的初心，身在出版業你的理想是什麼？你只是日夜渾渾噩噩地度過，混口飯吃，那自不必深談，但若你有自身堅持的初心，那就堅持下去，有志者事竟成。

最後想談論的是出版主題，一個好的出版主題或說是能引起讀者閱讀興趣的出版主題是一切的開端。主題是圖書的核心要旨，是故事中探索的主要想法。此外，主題可以是廣泛的內容，也可以是特定的訊息。出版主題大致上可分為「客觀概念性主題」和「主觀陳述性主題」，前者是「讀者認為作品是關於什麼」，後者是「作者認為作品是表達什麼」。身為編輯，這二者的把控都很重要，編輯宛若讀者與作者之間的橋樑，將作者自我表達後完成的作品引介給讀者，讀者閱讀後會對作品產生自我的解讀。而編輯就要從這兩者出發，確定作者作品想要呈現的核心主旨，了解讀者期望看到的作品樣態。唯有出版主題切合讀者之心，出版品才有可能擁有讀者群，從而產生市場需求，銷量得到保障。

（二）出版選題之獨特性

出版選題的雷同性高，讀者對後來重複主題的作品不感興趣，從而導致出版產業面臨危機。最為經典的例子是編輯在設想下一本出版品時，上國外的亞馬遜網站上查閱排行榜第一名的書籍，購買其版權再將之翻譯成中文出版。這種出版方式既快速又有銷量保證，甚至還方便設定相關的宣傳口號，如：「某某作品位居亞馬遜排行榜第一名」……等等。可這樣的出版選題模式，容易陷入迴圈。如果不跳脫這種企劃模式，出版產業很容易面臨衰落。

而這樣的刻板、固定模式是出於出版產業人才缺乏完善訓練的結果，出版社新進的新人，若沒有在大學時期接受過出版相關的學習，到了工作場域中，上手工作的方式則多半是向公司前輩學習，聽取前輩的意見。當新人有一天要讀當一面，要規劃出版主題時，或是同樣複製「亞馬遜作品翻譯」的模式，或是接納前輩推薦的作者等等，這自然而然又跳入迴圈當中。因此，想要活化出版產業，自然要從培養新興編輯人才在出版策劃能力中下手。

出版企劃的主題，不怕前無古人，最怕是跟風出版，從而導致出版的圖書供過於求，落入同質性產品競爭中，以至於不能脫穎而出。而若想發展出具有創意的出版主題，則要掌握「藍海策略」、「紫牛產品」、「創新模式」這些觀念。如我們於課堂上分組共作的《臺灣經學家選集》就具備了這些特點。

針對藍海策略來說，是指先驅者的小眾市場，還未開發的市場，具有發展的潛力及利益。在圖書市場上並沒有《臺灣經學家選集》這樣題材的書籍，避開市場競爭，故而容易得利。紫牛產品則是說產品要具備卓越品質、主題特別的性質，換句話說就是「話題性的產品與服務」，萬卷樓因師大國文學系教授創辦的淵源，以及專門出版文史哲學術相關書籍的大眾印象，讀者對於萬卷樓的出版品之可靠性自然會有信任感，從而滿足了出版品質卓越的因素。此外，《臺灣經學家選集》主題特別，沒有人做過類似的選題，也同樣符合了創新模式。由此可見，這本書籍有一定的優勢，有其市場。

萬卷樓出版的書籍，並非熱銷賣座的產品，卻依然能屹立不搖。是因為廣泛的閱讀大眾，雖然多數對其出版的圖書沒興趣，但依然有穩固的「小眾客群」可以支撐。萬卷樓出版的學術書籍，具備唯一性，即以文史哲學術相關的書籍為主。而臺灣這類型的出版社數量不多，長期經營下來，具有獨佔性。萬卷樓出版品的消費客群清楚，如：文史哲學系的教授、學生、學術研究單位、圖書館、退休公教職人員……等等。這些消費客群雖少，但目標很明確，不用花費大量的宣傳，就能夠精準行銷。萬卷樓只要顧好這批小眾讀者的需求，自然就能獲利，避免大眾市場，所造成的風險。

此外，晏瑞老師分享的另一間出版社「智園出版社」相較之下，就沒有如此順利了。它在初期，是以出版照顧心智特殊兒童的教養書，作為出版的目標。發展到後期，開始轉向大眾市場，一味地追求暢銷書，從而失去了原有優勢的市場。早期出版的圖書，跟萬卷樓一樣，客群雖少，但在智園深耕經營下，已經佔領優勢地位。後期轉型的市場性商品，主題普通，且出版品相關的同質性出版品太多，導致滯銷虧損。甚至造成贊助的投資人撤資。

由以上兩種出版案例的比較，不難看出選擇出版主題的重要性，甚至影響到一個出版社的發展。而這也回扣到一開始提及的出版人才選題能力的培養的重要性。

（三）其他加強出版力之思維

除了多元的思考及創意外，編輯在實際撰寫企劃書時也有許多需要注意的地方，像是在撰寫出版企劃案時，可以從多個角度去呈現自身的構思。比如：可以去評判、預估圖書出版的市場狀況，可以用 SWOT 分析法，分析自身企劃書的優勢與機會，多元面向的展現，會使整個企劃更完備、立體，從而可以增加主管、同事對自己企劃書的認可，提升企劃書的可信度，並獲得執行的機會。

而另一個出版產業新思維的運用，最直接的就是出版社改變圖書的銷售模式，不再像以前一樣經過經銷商等種種關卡，而是直接將書籍交到讀者手中。透過網路的運用、數位科技的便利，以及折扣吸引讀者，減少賣書的成本。以研究臺灣本土詩社的作品為例，其以學術書的定價訂定，如果是詩社購買，則給予六折優待；讀者直接找萬卷樓買，則打七五折；透過博客來等經銷渠道的話，則為九五折。如此一來，讀者為了能以更實惠的價格購買到心儀的書籍，就會直接從萬卷樓的通路購買；此外，詩社的成員，是這類型圖書的最直接受眾，給詩社最優惠的折扣，讓詩社協助推廣。讀者透過詩社購買，一方面享有優待，另方面也可以給詩社創造財源。這樣定價的用意，是為了將利潤回饋到消費者，防止經銷商的剝削。

在之前傳統圖書銷售的課程有提到，一本書賣出去要經過層層經銷商，而在這樣的過程中，圖書的利益被瓜分，出版社出的書請經銷商幫忙販售，圖書的價格甚至要打到五折。如此一來，還不如讓讀者找詩社、萬卷樓買，即使打到六折，也比五折好很多。

四　撥雲見日，滿載而歸

伴隨著新年即將到來的喜悅氛圍，「出版實務產業實習」的課程畫下圓滿的句點。在此，非常感謝晏瑞老師如沐春風般的課堂講述及一絲不苟的授課態度。

雖然，這學期的課程因疫情的影響，無法實際前往萬卷樓進行編輯的職場體驗，但老師為我們精心安排的課程和實作練習，也讓我收穫滿滿。不僅解決了我之前對於出版產業的困惑與迷思，也讓我能以更宏觀的視野去認識整個出版行業。同時，我了解到自身還有許多不足的地方需要去精進，使我更確定自己未來想擁有的生活及想成就的自我。

此外，晏瑞老師還幫助我們將課程中的所思所想變成一本看得見的書，使我可以將所有從課堂上得到的知識與收穫以文字的形式留存下來，讓這些回憶不會消失在時間的洪流中，且擁有一本屬於自己的書，真的會有很大的成就感，再次表達衷心的感謝。

最後，期許自己可以帶著課堂所學，努力前進，走上未來人生的道路，也願因這堂課相遇的老師、同學未來的生活平安喜樂。

疫情下的出版實務產業實習

劉筱晗
國立臺灣師範大學國文學系

一 前言

大學時光悄悄地步入第四年，原以為自己只會默默地帶走一張平凡的成績單和畢業證書離開師大。所幸在離開前，趕上了國文學系的「出版實務產業實習」課程。雖然在疫情的影響之下，我們沒能全程到萬卷樓參與現場實習的過程，但老師將實習時數，改以任務制的方式，讓我們體驗出版社編輯的工作，使我們在理論知識之外，也能學習編輯的實務操作。

開學的第一堂，依照學校規定，是線上課。老師指導我們如何撰寫履歷及進行職涯規劃。對於即將步入社會求職的我們而言，履歷撰寫是非常重要的一環。履歷是他人對我們的第一印象，一份好的履歷能幫助我們更容易找到我們期待的工作。但其實除了求職，撰寫履歷還可以有其他的功用，如生涯記錄及人生規劃。履歷就是推薦自己，我們應當把自己當作產品，把自己推銷出去，並隨時隨地進行自我反省與準備。另外，履歷盡可能至少一年作一次修改，適當地把自己過去一年內所完成的、具有成就感的事蹟記錄下來。才不至於在需要使用到履歷的時候，才一次性的將自己生平壯舉羅列出來，臨時抱佛腳，容易遺漏許多重要的細節。此外，時時的紀錄，大量的資料，也可以作為客製化履歷，選擇去取的取資。

值得討論的是履歷上是否需要放照片？一般來說，基本的個人頭像，能讓他人一眼得知我們的樣貌，但也容易產生第一印象，影響接下來對履歷內容的評估。老師建議，履歷是否放照片，視職務需求投放為佳。一般除了表演、服務類等重視個人外表的職務外，其他則不建議加入個人照片。

而自傳同樣也非履歷中必要的內容，但它卻可以作為前述條列式資料的補充。若履歷中決定撰寫自傳，字數建議以三百至五百字以內為佳，但切記不要跟條列式的經歷重複，應該加強條列式資料，所無法表達的感性內容。自傳格式，基本上有：家庭背景、工作經歷、求學經過、個人特質、工作期望、職涯規劃、應徵積極性等主題。相關內容的陳述，必須緊扣對工作的正面助益，切勿淪為情感抒發。

求職履歷的最大用途，是成功取得面試機會。其中最基本的面試注意事項：衣著正式大方、應答明確得體、氣氛保持融洽、主動爭取機會等。

二　初出茅廬談出版

第一堂課之後，我們便從出版產業的發展與現狀開始認識出版產業。

「出版」又分廣義及狹義，廣義的「出版」指的是將作品通過任何一種方式，不局限於紙本與文字「公諸於眾」的行為；狹義的「出版」則是將作品以「出版品」的方式在市場上進行流通，如印成書籍、報刊並進行流通和販售。同學們在課堂上也提出「出版」是將個人或群體的作品，無論是文字、繪畫或歌詞……等，集結起來，通過整理及推銷，公諸於世的一系列過程。由此，我們可以知道，不論廣義或狹義，出版最重要的關鍵是「公諸於眾」。

廣義的出版品指的是透過出版的行為所製作出來的產品。任何以傳播資訊、文化、知識為目的的產品，包括印刷品、電子產品的總稱，即是出版品，它也是傳播文化知識的媒體。而狹義的出版品則是獲得「國際書號」（ISBN）並經過「出版機構」印刷成書籍的作品。不具有國際書號的產品只能稱之為印刷品。同學在課堂上也紛紛提出自己對於「出版品」的認知，如出版品不只局限於紙本的產品，許多刊載於網路上的產品也可稱之為出版品。另外，出版品也並不一定是非得拿出去售賣的，就如我們常在路上碰見的傳教士所發的《聖經》，目的不在於銷售，而是具推廣作用的產品。

而我認為狹義的「出版品」還具有一個重要的特徵，即是著作權。這些出版品是由特定的人所撰寫出來的，因此我們不能隨意「竊取」其中的內容，但能透過註明出處引用之。

那為什麼會使用「出版」一詞，是因為早期書籍的出版是用雕版印刷的方式呈現的。書籍必須透過製版和雕刻木板才能製成。只要書籍的內容經過雕版，準備複印，便是要「公諸於眾」，這也就是「出版」一詞的來源。

出版產業是什麼？簡單來說，以出版為主的生產或銷售的產業領域就稱為出版產業。出版人都具有一種使命，就如：萬卷樓圖書公司、國文天地雜誌社的成立宗旨是為了「發揚中華文化，普及文史知識，輔助國文教學」。有同學認為出版人的使命是作為作品的推手，向大眾傳達作品中的理念，或是作為作者與讀者間的橋樑，聯繫二者。

在這個論題上，老師也向多位同學詢問「出版人是否是商人？」的問題。這個問題，在我們固有的認知中，尤其身為文科生，都會認為出版產業是一個偉大的行業，出版人在推廣文化、傳播知識上具有非常崇高的地位。因此，我們普遍不願承認出版人與以營利為目的的商人能夠混為一談。老師緊追著問，那出版產業究竟是「事業」或是「志業」？需不需要有盈利行為？大家一時為之語塞，出版人其實就是推動文化的商人。在自由市場經濟底下的行業，都要有收入才能達到永續經營與發展，出版產業也並不例外。

出版產業的歷史悠久，過去到現在，圖書出版產業的發展歷程，也是課程介紹的一大重點。因為老師要強調的是，書籍載體的轉變，對人類知識傳播的影響。這也對於目前出版產業所遇到的轉型問題，息息相關。

有了文字才有書籍的出現，蔡倫造紙前，文字又是以什麼為載體，呈現在人們的生活中？早期書籍的型態，便有：甲骨、鐘鼎、石碑、簡牘及絲帛……等等。但這些載體大多都非常厚重或不便攜帶，也就大大限制住了傳播與影響。直到紙質文獻產生，書籍印刷也隨之發展起來。紙張出現及活字版印刷術發明，是書籍載體的第一次轉變。這樣的轉變，使得文字和知識的傳播也就更快更遠了。透過這些歷史，我們了解在過去出版是斥資甚鉅的活動，因此早期出版活動多半以官方為主，書籍取得，並非一般平民百姓能做到的。

三　我與活版印刷的邂逅

老師在課堂中，分享了一則關於鉛字排版印刷，包含活字排版、傳統印刷的短片。隨著科技進步，電腦排版及印刷機，漸漸取代了人工的排版印刷術。但在看過老師分享有關「日星鑄字行」的影片後，我也著迷於那具有溫度的文字。去年生日時，收到好友贈送的日星鑄字行的姓名印章，被印出來的文字，所呈現出的美感與觸感深深吸引。希望活字排版及傳統印刷術能夠被作為文化遺產傳承下去，並以更接近大眾的方式，讓人們一起愛上那被精心「製作」出來的繁體漢字之美。

從傳統的印刷到現代的數位印刷，如何影響出版產業的發展？回去看了老師提供的幾個影片後，雖然贊同數位印刷為現代的出版需求，帶來了非常非常多的便利。但還是缺乏傳統書籍印刷，如：雕版印刷、木活字印刷或鉛字活版印刷中所帶來的溫度及感動。

過去人們製作一本書籍，真的需要耗費很大的精力與時間，但每一本書籍的完成，卻能帶來莫大的成就感。這種感動是我在冰冷的現代機械所印製出來的書籍中所找不到的。在老師分享的影片中，我最喜歡的是 A Birth of A Book – Pointe Shoes 這一則短片。影片中，沒有華麗的配樂，全是「書籍藝術家」Ido Agassi 在製書時與器材或紙張「互動」的療癒聲響。雖然如此，九分多鐘的影片，卻能讓人一氣呵成把它看完。這本手工書的製作，從排版、印刷、裝訂到封面製作，都是 Ido Agassi 的心血，那 88 本限量書籍，看起來似乎一樣，卻在某些細節中，展現出他的特性。它的製成，就如每一雙芭蕾硬鞋，透過匠師的細心製作與調整，形成一雙雙獨一無二的舞鞋。最後 也少不了匠師的刻章或簽名，再交到有緣人的手中。

最近，透過學妹分享，發現在我家鄉馬來西亞馬六甲就有一間名為「洛陽印務局」的活版印刷博物館。融合了殖民地色彩的古老建築中，擺放著各式各樣的鉛字。有成排的中文字、英文字母，甚至還有馬來文字的房屋平面圖和廣告設計圖等等。在這些收藏中，都可以看見馬六甲久遠的歷史以及民族融匯貫通的生活場景。

四　書展觀察心得

二〇一六年臺灣文化部的一則文化新聞，報導了關於文化部於二〇一六年在馬來西亞舉辦的海外華文書市銷售型書展。作家吳明益在文中表示，東南亞地區的讀者可閱讀英文的比例相當高，近年臺灣被翻譯成外文的文學作品亦能在當地引起共鳴。以馬來西亞為例，當地為東南亞地區唯一具完整的小學、中學及大學中文學習環境的國家。雖然馬來西亞華人以簡體中文書寫，但因為閱讀臺灣書籍或是學習書法的關係，其實也都能看懂繁體中文。馬來西亞各大報章頭條皆以繁體書寫，更是為了讓老一輩看不懂簡體字的長輩們閱讀。

雖然馬來西亞許多年輕一輩，紛紛向外發展，到各地求學或工作，但我認為知識的傳遞與傳承仍不可少。若能夠將港臺和大陸的書籍引進此一市場，仍能取得相應讀者群的支持。另外，如吳明益作家所提出的，將被翻譯成外文的文學作品拿到東南亞來銷售，或許也能收到讀者的喜愛，而能讀懂中英文的讀者也能有更多選擇。

印象中，以往參觀過的書展，都是大眾、消費、交流型的書展，通常也會和文具展一同舉辦。過去在馬來西亞參觀的大型書展與我前年參觀過的臺北國際書展大有不同。由於馬來西亞是個多元種族國家，書展中的書籍是以語言作分類，因此書籍的種類和數量也被限制了。前年到了臺北國際書展，才發現原來書展也能以出版社的方式作分類。但疫情影響，已好久沒去參觀書展了。希望畢業前，還能再去一次臺北國際書展。

五　出版產業的觀察

出版產業的崩壞，在全世界起了不小的影響。各國書籍和雜誌的銷售量下滑，甚至導致書店面臨停業的狀況。這兩年在疫情的影響下，相信包含出版產業在內，各行各業也大受打擊。不久前得知故鄉營業了七十四年的老書店，即將結業，心中莫名感到惆悵。

（一）紙本書的溫度

雖然，我出生在書籍載體逐漸轉為電腦或電子產品的時代。但直到今日，仍習慣也喜歡閱讀紙本書籍。

小時候和父母逛書店，一定會捧著一本小說坐在書架前翻閱起來。書店中常常可以見到一群小孩排成一排坐在書架前翻閱著小說或漫畫，只要不是將包封好的書籍拆開翻閱，店員也不會驅趕我們離開。這樣的場景，大概在網路漫畫、小說普及化的今日再也很難見到了吧。

我喜歡翻閱紙質書，不是因為閱讀電子書籍傷眼睛，我喜歡不同紙張散發出的特有的氣味。雖然電子產品非常便利，但紙本書籍的存在對我來說，仍是非常重要的。

我們在逛書店時所看到的書籍，都是經由出版社的編輯部精心企劃而得的。無論是什麼內容或什麼類型的出版企劃，都有其相應的閱讀群眾。大致瀏覽一遍後，我們通常也能知道哪間出版社出版的書籍是什麼類型的書籍，進而尋找符合自己閱讀習慣的出版社，或是在尋找特定書籍時該到哪間出版社搜索，或可能哪間出版社在該領域有較豐富的出版經驗等等。

另外，不論在實體書店或是網路書店，書籍都會依照類型進行分類，在排列書籍前，我們也要有對於相關書本的基本概念，才不會誤將本該屬於某領域的書誤放在其他區域。先前在其他課堂上提到羅青的新現代詩集《吃西瓜的方法》以及焦桐的《完全壯陽食譜》曾被誤置在食譜類區，而誤打誤撞成了熱銷書，但也引起了不少的笑話。因此，書籍封底上的分類標示或電子商城中的歸類必須足夠清楚才不會誤導讀者。或是書籍分類時，要留意一下 CIP 的分類，才能準確地擺放上架。

（二）版稅制度與支付方式

為了讓我們更加了解不同的版稅支付方式外，也能有更明確的概念，老師在課堂上請同學協助，模仿作者與出版社談判版稅的支付方式。

之前並未思考過在作品出售後，作家與出版社之間是如何計算其中的費用的。原本以為作者會依據作品的銷量來與出版商抽取酬勞，但後來發現如果沒有公開透明的計算方式，作者與出版商之間，很難取的結算的共識。

即使有了版稅結算的公式，在實務上也可能出現不公平的現象。如：出版社謊報銷售量，或故意不給予回應等。另外，如果出版社將版權買斷，同樣也會有要承擔風險，如：作品銷量不佳，出版社就要承擔更大的成本損失。

因此，版稅制度的產生，對出版社及著作權持有人來說，是非常重要的。除非，著作權持有人願意自費出版，不計其他版稅收入等。不然，有了版稅制度，不論是書籍、戲劇、舞蹈或音樂方面的智慧財產權，漸漸受到重視，進而抵制濫用、盜用等不道德的行為。對於優秀作家與出版品的發展，版稅制度都可以帶來正面的推廣。

此外，透過老師與同學的互動，也明白了之前老師提到人文學系的學生所擁有的「溝通能力」，就是產業即戰力的重要性。在雙方溝通版稅時，協調能力與表達能力，也能為彼此帶來好處。更能讓自己權益的爭取，達到最大效益。

（三）多變的需求與小眾的市場

企業經營、出版企劃其實就和各行各業一樣，有的人尋求安穩的工作，有的人尋求創新的多樣化，但無論哪一條路，都有各自的好壞以及結果。現今人們追求的，都是創新的面貌、與眾不同、追求自我，市面上滿足小眾需求的產品也越來越多。這種現象，讓我們可以更自由發揮自己的想法，但同時也讓市場需求變得更繁雜了一些。不論人們的想法、需求如何的獨特，相信也能找到擁有相同興趣的需求群，這讓我們在出版企劃書的規劃上也能放心、大膽一些。

六　出版企劃書

《國文天地》創刊迄今已近四十年，內容收錄上萬篇文章，不論是主題策劃，或是作者投稿，篇篇皆可讀，相當精彩。作品中，不少作者都已是知名的作家或學者，受到讀者喜愛。在臺灣最具影響力的學術資源評選中，《國文天地》多次獲獎，也是下載率最高的雜誌。有鑑於此，透過出版企劃，可以有效活化雜誌內容，創造新的產品。因此我們便要在此基礎上透過《國文天地》雜誌的內容，練習策劃一本書的出版。

從主題發想、資料檢索、文章蒐集到企劃書的撰寫，雖不簡單，但成果確實令人滿足。在開始著手之前，我便決定好要要以馬華文學的選文來策畫此書。但又擔心文章篇數不足，故將範圍擴大到東南亞華文文學，亦另外想了一個主題。直到著手蒐集資料時，發現單是與新加坡相關的篇目就不少了，東南亞華文文學又包括了泰國、越南、印尼等，最後搜得的文章數量超出預期。在反覆思考之後，我還是決定著重於馬華文學的主題之上，也透過電子資料庫找到了更多的文章。

馬華文學近年來在臺灣文壇上漸受重視，除了早期或較為人所知的馬華作家，如：李永平、張貴興、黃錦樹、黎紫書、賀淑芳等。今年，二〇二一年六月，剛在臺灣出版他第一本新書的鄧觀傑，也在在顯示了馬華文學在臺灣發展流傳的事實與可能性。

過去，《國文天地》所刊載的內容中，僅有第四二三期的主題，特別為馬來西亞的生態語文教育作了專輯。其他關乎馬華文學與文化的文章則零散收錄在其他專欄中。反倒是新加坡華文文學在《國文天地》中，有兩次專輯以上的主題篇幅。在撰寫出版企劃的作業中，為了讓讀者對馬華文學與文化有更進一步的認識與想像，所以我覺得策劃這本書的出版，是很有意義的。

我策劃的這本書，除了收錄學界對馬華華文文學，如：新詩、散文、小說的相關評論與介紹外，也將針對馬來西亞的華文教育及當地華人的民俗文化進行文章篩選。認識一個國家，除了從其地理位置及自然地理特徵出發外，也必須認識其人文地理特徵，如：文化、宗教、政治……等，才能更全面地了解它。因此，期許能以輕鬆、快速的方式，透過本書為讀者提供一認識馬來西亞與馬華文學的機會。

撰寫出版企劃的作業，並沒有想像中的複雜及困難。唯在收集資料上，需花費較長時間。但其過程，卻是令人期待的。尤其在翻閱著一期又一期的電子資料時，終於找到符合主題的內容，會覺得非常喜悅。就算此書的出版機率不高，我依然能將所列出的文章篇目視為自己的讀書清單，藉此能讓自己對以感興趣的主題能有更深一層的認知。

七　結語

這學期不在出版社實習的實習課，可謂大學生活中一場新的體驗，畢竟這是系上難得開設的實習課程。希望以後能將課堂所學應用在職場之上，也讓自己不斷進步。

從出版產業實習開啟心內的窗

蔡佳倫
國立臺灣師範大學國文學系

一　緣起

過去我對出版產業一直有種憧憬，認為出版產業是個能和文字打交道的行業，正好適合我這個性格有些孤僻怪異的人。後來發現這產業，竟是特別需要和人交流的行業，委實有點意外。同時對我而言，要試著放下自己與人交流的焦慮恐慌，去和不認識的人對話，也著實是一大挑戰。

二　溝通技巧的體會

回想起高中實際參與了一本「成果集」的編輯，每天都在課餘和寫專題之外的時間，催稿、審稿、校稿。體悟到原來出版工作不完全是我所想像的容易。在茫茫字海中，要逐一挑出錯誤，其實是件挺傷眼的工作。那段時間，也是我開始習慣熬夜使用電腦的時候。

當時，我和編輯群體的關係並沒有很好。高中就讀女校，女校裡無可避免有些關係特別好的小團體，而我並不屬於那些關係親近的小團體中。那時侯，我的孤獨感也挺重的，總會有種他們在做事，就我一個人被排除在群體外的感覺。

所以，從我的視角來看，她們總是會先得到新的編輯指導，然後在我尚未得到新的指導前，用舊的方法校稿之後，再來指責我做得不對。對我而言，這簡直是莫名其妙，至今都無法理解。我永遠不會忘記的是總編在編輯群裡標註了我和另一個文編，說我們負責的這一部份稿件校稿狀況很糟，措辭嚴厲地要我們重校，甚至直接說如果我們無心做事不如退出。我當下先道歉表示誠意，避免衝突。之後，再去檢視我的錯處何在。然而，我檢查完之後，才發現其實那一大堆錯誤裡，我只有一個錯誤沒被挑出來，被挑出來的錯，全都是另一位文編的部分。檢查完的當下，我其實挺生氣。感覺自己被不分青紅皂白地指責，總編也沒有精準檢查到底是誰犯了錯誤就全部一起批評，而我還在群組裡，替別人犯的錯誤道歉。不禁想著我待在這個不待見我的團隊裡到底有沒有意義，甚至還因此動了退出的念頭。

後來聽了親友的建議，我轉變了一些想法，也得到了經驗教訓。面對這樣的情況，我不能直接說：「很抱歉，我可能在校正上犯了疏忽」，等於間接承認是自己錯了。應該委婉地說：「好的我會再做檢視，並做好該修正的部分。」至少，這樣的措辭，並不是把錯攬在自己身上，而是直言會針對錯處改進。

或許樣的處理方式，就是老師在課程中，所強調的「溝通技巧」吧！在團體中，面對他人的指責，並不是一味的道歉就能解決，而是需要委婉面對。同時，也不要讓對方直接以為錯誤真的在自己身上。

三　出版產業的認識

在實習課程裡，老師特別給我們定義了：什麼是「出版」？什麼是「出版品」？什麼是「出版產業」？其實這些我們日常熟悉的名詞，都有相關的定義。我才知道原來不是所有的產出，都可以叫作出版，它還是有定義上的要求。而這些定義，其實也就是出版產業面臨轉型時，可以思考，並做出調整的依據。

（一）紙本書的真實

每次在和朋友聊到出版業現況的時候，我總是半開玩笑地對朋友說：「只要有學生需要買課本，有人需要買書，那出版業就還會存在。」儘管現在已經有很多資料在網路上，或是資料庫裡，都可以搜尋下載，但我還是更偏愛紙本書。我喜歡書本紙張摸起來的真實觸感，也喜歡筆寫在紙上的那種書寫的感覺。因此，我有時候即使能在網路上找到資料，我還是會傾向買紙本書。對我而言，紙本書作筆記，比用電腦方便順手很多，速度也比較快。而且，我也很喜歡買書，特別是買小說。雖然網路上有完整版，我依然較偏好坐在床尾書櫃旁邊，把自己塞進被窩裡，靠著牆壁翻看書籍。

所以當老師跟我們探討：出版產業究竟是「事業」，還是「志業」呢？我覺得這是一個心理標準認定的問題。「事業」和「志業」的分界是在哪裡？兩者之間，有沒有重疊的部分？這都是值得慢慢思索的問題。

（二）出版業更多的是志業

在上課的時候我回答出版業是「志業」，不否認出版業的業者也需要賺錢。雖然相信人性並非本善，但也並不想把人想得太陰暗。我想投入到出版業的人們，目標是要傳遞文化也好，還是其他理由也好，但是我猜「賺錢」都不會是最主要的目的。特別是近年來出版業面臨著非常重要的變局「資訊化時代底下，人們對紙本書的需求不斷下降。」因此，在這個時候，願意投入出版業的人，更不一定會把出版產業當作能夠賺大錢的「事業」。也可能是對文化或知識傳遞有些興趣，或者更單純的是對文字有興趣罷了。可能，這是我天真且簡單的想法，但我確實是因為喜歡文字，喜歡紙本書，所以把出版業當成其中一個出路的。出版業更多的是「志業」，我是這麼以為。

（三）宗廟之美，百官之富

然而，曾有言曰：「未知全貌，不予置評」。不僅只是說在未知全局的情況下，不宜擅自評論。我想也可以這麼解釋：「尚未實際進入一個領域，便難以對領域內實際運作狀況給予評論。」過去，我曾經在高中時，參與成果集的編輯，擔任文編工作，從而開始對出版產業產生了興趣。以為出版社的編輯，就是收集、校對、整理稿件這樣就好。然而，經過這一門課程，在初探實際的編輯出版工作後，我逐漸意識到，現在的出版行業，比我所想的要複雜得多。

首先，出版產業產值萎縮，是眾所周知的事。而出版產業本身也有困境。隨著網路日漸發達，目前無法被網路所取代的紙本資源，在未來依然有被取代的可能性。因此，出版業是不能僥倖認為產值趨於平緩，便原地踏步。總而言之，需要尋求改變方式。因此，更多樣的電子書，開始出版，省去了書籍從出版社經過經銷商鋪貨到書店，再由書店上架的過程中，所需要的人力與物流成本。

此外，出版一本書也需要考量許多因素和能力，最需要考量到的便是成本。就像上課時老師說的：「開門就是要做生意」。以前編成果集，只是一種紀念和證明，並不需要太多的市場考量。但實際上的出版產業，出版一本書，絕對不能不考慮利潤。因此，書的份量、編輯成本、印刷成本，甚至是銷售量的預期，都是出版書籍要考慮的因素。並不是所有的文本都能被出版，選擇到底要出版什麼書，是很重要的一件事。

最後，營業規模太小，也是出版產業的困境。在經濟學上，成交價格的平衡，由供需雙方共同構成。但是在現實生活中，並非供需雙方都有足夠的話語權來議價談判，更多時候有所求的一方容易缺乏談判的力道。就像是出版產業，議價談判時，內容生產者的價值，便難以適當發揮。與印刷廠談判上，通常要降低印刷單價，印量就必須提高，達到一定的數量。然而，出版業印這麼多書，並不一定能回收成本。因此，印量少了，書籍的單價成本便會增加。此外，書籍出版後，與銷售商談判上，成交價的商討，也容易變成由經銷商決定。出版社的力量，難以撼動經銷商進貨價格，反而讓真正的內容生產者的價值難發揮，無法為出版品，爭取應得的價格。總而言之，我也逐漸感受到，出版產業的問題，並非我所想像的那麼容易。

四　出版企劃的觀察

在現今企業中，常常會遇到需要做企劃案的情況。透過企劃案，可以窺得提案人的創造力和評估能力。

（一）開門就是要做生意

而出版業尤其是一個需要創意和觀察的行業。作為出版企劃的提案人，觀察市場是個首要且重要的任務。做企劃最怕的就是沿襲前人的主意，「這個提案不是之前就做過了嗎？現在再做一次的意義是什麼？」在市場上，已經有許多同質性的產品流通的情況下，企劃再提也只是跟人競爭，還是失了先機的競爭，容易討不了好，最終結局也是賠錢。就像老師在課堂上說過，出版社是「事業」，開門是要賺錢經營的。因此，提出一個企劃案，能不能達到回收成本，甚至是盈利的效果，便是執行企劃工作中，特別要考慮的點。

（二）不怕前無古人，只怕前面都是人

出版企劃需要創意。出版產業，商品便是創作內容的產出或集合，如果市面上有非常多內容屬性都相似的出版品，那麼消費者便會面對缺乏選擇的市場。所有的貨架上都是差不多的產品，消費者便容易覺得無趣。「市面上的東西都長得差不多，那我要看什麼？」因此而放棄消費，也不無可能。那麼供給者便無法與需求者達成供需平衡的交易。同時，也無法由此獲得利潤。最後的結果，輕則賠錢，重則壓垮一間公司的經營。

從經濟學的角度來看，市場上同質性的產品過多，並不是件好事。一種商品缺乏競爭對手，或是有太多的競爭對手，對商品本身和商品的供給者皆無益處，反而有害。這也就是為什麼在提企劃時，老師說：「不怕前無古人，只怕前面都是人」。

（三）「觀察力」和「創造力」

不管在哪個領域，抄襲或剽竊都是不可取的，如果提了個企劃案，結果遇到市面上有個一模一樣的產品，有時候很難不被認為是抄襲。對於抄襲的定義，每個人都有自己的判斷標準，可能有一個作品某甲以為是抄襲，某乙認為是借鑑，某丙則不覺得是抄襲。我時不時地會在社群媒體看到繪畫群體或寫作群體的哪位繪師又描圖、哪位文手又抄襲的相關消息，這種爭議在產出的群體圈子中甚至挺常見的。有的很快就被認定是抄襲，有的卻能爭論很久。

出版產業是作為內容產出者的其中之一，我想這樣的情況，也是在所難免。從這裡，可以看出在行業中，特別是提企劃案時，「觀察力」和「創造力」的重要性。沒有足夠的觀察力，便難以得知市場目前商品還有哪些缺口可以切入；沒有好的「創造力」，缺乏創意的產品，也難以吸引消費者買單。

五　出版實務的發現

（一）原來辦書展很燒錢

近幾年，因為疫情的關係，已經有很久沒去過書展了。不過以往去的國際書展，總有讓我印象深刻的記憶點。

第一次去國際書展，是高中時期，高一老師帶全班一起去的。記得那年的書展的主題展覽是張愛玲特展。當時，我記得有展出模擬張愛玲居所的空間擺設、張愛玲所創作的書籍等等，還聽了一場有關張愛玲《紅玫瑰與白玫瑰》的主題講座。一兩年後，我自己參與了一次臺北國際書展。這次的展覽，則有金庸小說的主題活動，整個攤位都布置成武俠風格，讓金庸迷的我，非常滿足。

經過課程的介紹之後，我才瞭解到出版社「參與書展」活動的舉辦，是一件燒錢的活動。以臺北國際書展為例，光是租一個九平方米的攤位，至少要六萬元起跳，這還不包含準備相關裝飾、文宣、商品、工作人員薪水……等等的成本。而這七天裡，出版社的支出，光靠賣書的所得，想要從中獲得利潤，平衡所有的成本，基本上是不太可能的事。

但為什麼還要辦呢？像是去年的國際書展延期到今年五月。對廠商、對出版人而言，不可避免的會造成損失。但是，卻只有延期而不是停辦，是因為臺北國際書展對臺灣出版業來說，還是有很重要的象徵意義。我想這樣的書展，象徵著臺灣的出版業的活力，並透過書展來宣傳自己、吸引讀者消費，從而推廣閱讀。

雖然舉辦書展活動，要花費大量的金錢，但從讀者的角度來說，我以前就總是特別期待書展的到來，每年也都會努力從生活費中，盡量下一些錢，到國際書展買書。因此，我也特別喜歡書展的舉辦。

（二）書籍載體，面臨千年一遇的巨變

出版業產值大跌的現象，與出版產業本身的商品銷售模式，有很大的關係。過去出版業因為傳統印刷時需要製版，因此少量印刷並不符合效益。為了調節成本，書籍通常都是大量印刷，然後通過物流系統運送到各大書局去展售。然而，近二、三十年來，隨著科技的發展，書籍載體面臨了千年一遇的巨變。電子書和電子資源逐漸與紙本書的地位分庭抗禮。以往手機還不是人手一支，就算是有了手機，也沒辦法像現在這樣上網。回想起來，我第一隻手機是在國三拿到的，而且是會考完後，才有一隻能上網的手機。當時，課餘之際，我也不愛出教室玩。於是我經常看書，每個星期至少去一次圖書館，國一的時候，就看完了金庸武俠小說全套。現在回想，如果當初拿到的手機，跟現在的功能相當，我大概也不一定會有耐心，去讀那種內容分量較重的小說了吧。

（三）個人語意發展平臺的興起

現今網路發達，個人語意發展平臺也越來越盛行。大多數人或多或少有自己喜愛的網路作品。不管是文章、繪畫、影音等。這些粉絲便會形成作者固定的受眾，成為潛在的消費者群體所在。像是我自己也有開一個屬於自己的粉絲專頁、LOFTER 帳號和 IG 帳號，有空時便會發表一些自己寫的短篇二創小說和修圖作品上去。儘管目前來說，二者熱度都

不是很高，但至少在經營的過程中，我是很快樂，很有成就感的。特別是收到按讚、按心和讀者留言的時候。我總是能從中獲得難以名狀的成就感。

（四）多元化出版的發展

透過課程的分享，我認為未來的出版業，須求變求新，可朝向多元化出版的方向發展。出版不再局限於紙本書，而是在一部紙本作品的基礎上，可以衍生出非常多樣的周邊產品。

像是我幾年前看了一部小說《魔道祖師》，這幾年來這部小說周圍延伸出了非常多種的作品。就我所知，除了最基本的繁體翻譯本以外，官方周邊商品，自然是不會少的。至今，國際書展或同人展中，都能看到其身影。除此之外，它還授權製作了漫畫、動畫、廣播劇等衍生的商品，亦在兩年前翻拍了電視劇。電視劇本身，也有周邊商品、演唱會、手機遊戲……等相關作品的出現。

從《魔道祖師》小說本身，到這些延伸作品，都能夠吸引粉絲，或其他消費族群購買，產生商業模式。這部小說便不再只是一本書，而是成為一個完整文創產品行銷體系。總而言之，出版業對待出版品，不能再用「一本書」來經營，而是將作品設計為「品牌」去經營，進行多角發展，讓書的產品週期得以延長。

六　結語

我們並不會在一瞬間長大，一瞬間就知道初出社會應該怎麼做。就像青少年不會在到了十八歲的那天，一下子學會完全責任的意義，二十歲就能明白民法上的成年相應背負的責任。因此，在面對未知的將來時，總是感到非常迷茫，對不知道該往哪裡走而感到恐慌。這個時候，他人的指引，對我來說都是相當可貴的。雖然，它可能只是一個很小的提點，但是對我而言，它可能會是助我撥開迷霧的一盞明燈，為未來點亮一片微小，卻很有意義的光明。

如今，因為過往的經歷，我依舊對與人互動產生隱約的恐懼。通常不會表現出來，只是會選擇與人保持距離，不主動來往。不過對於出版業，心裡那種嚮往，依然雀躍著。況且，現在的出版業的變化還挺大的，或許現在的出版業也挺好玩的呢？不去探索一番豈不可惜。

我想終有一日，我也會漸漸克服這樣不敢與人來往的問題，走向工作現場，面對未來生活，為自己的人生，開啟心內的窗，譜寫出美麗的篇章。

出版產業初嘗試

羅凱瑜
國立臺灣師範大學國文學系

一　前言

自從誤打誤撞進入國文學系，這三年以來，一直在思考未來的去處。我本身並不想成為國文老師，可是國文學系的課程，又缺乏其他方面的職涯培訓。因此，對於未來的工作，一直處於一個迷惘的階段。步入大四之後，距離畢業的時間越來越近，對於訂定將來的求職方向，也迫在眉睫。所幸，在大四上學期，系上開了這門課，讓我可以對國文學系相關的職業了解更多。而且，一直以來我都對出版業有一定的興趣，奈何大學三年都求入無門。不過，現在時間尚未太遲，我仍可以藉此稍稍推開進入出版產業的大門，探索出版業的實際工作，了解自己是否適合在這方面發展。

二　出版產業與出版人的使命

從前提起出版產業，首先想起的必定是一眾出版書籍的出版社。但其實出版產業並不單指出版書籍的出版社，出版品的定義也很廣泛。廣義的出版品指的是在社會上流通，並以傳播資訊、文化、知識為目的的各種產品。包括：印刷品、電子產品的總稱，是傳播文化知識的媒體。在這個定義下，很多產品都能歸類為出版品，像是傳單也算是出版品的一種。而狹義的出版品就有一個更明確的定義，更接近大眾所認知的出版品，就只有獲得國際書號（ISBN），並經過出版機構印刷成書籍，才能稱為出版品，否則只是印刷品。

而「出版產業」指的是整條出版產業鏈，是以出版為主的生產或銷售的產業領域，當中的工作包含了基本的校對排版、加工、包裝。在新時代下，除了傳統的負責排版印刷，還有銷售、推廣等工作，已經發展成一個多產業結合的產業鏈。此外，當走進出版產業才發現，出版社有大量的外包工作，一些無需特別的專業性如簡單的打字、排版都由這些平日所看不見的外包公司承包，以節省編輯的時間，於是編輯的角色更多是作為溝通的橋樑，因此也說編輯需要強大的溝通技巧。

出版產業內工作的人，便是所謂的出版人。在課堂上，老師引領大家分享對於出版人使命的看法，而我認為在當今時代的環境下，出版產業式微，會選擇投身出版業必然有他的理想，可能是希望大家能看到更多被埋沒的優秀作品、推廣自己認同的價值觀等，像是萬卷樓有發揚中華文化的宗旨。不過，在實現理想的同時，也要顧及現實。出版產業並不是慈善產業，當中有市場、商品、銷售，是一個徹底的商業模式。出版人有自己的志向固然是一件好事，但不能走向極端，要注意永續發展，評估現實成本收益問題，否則可能尚未達成理想目標，就已經虧損離場。

當然啦，現在的我，想出版社的營運模式還是太早了。不過，未來投身職場，無論是否進入出版社，也希望可以進入一家志同道合的企業，為共同的目標奮鬥，而非心不由己地做著一些與自己理念相左的事情。

三　臺灣出版產業現況

在臺灣只要商業登記有「圖書發行」的相關項目，便能視為圖書出版社。要成立出版社，並不困難。臺灣的出版社有高達百分之八十都屬於家族化經營，多屬中小企業的規模。規模不大，也導致了出版社和上下游供應商談判時，產生困難。像老師所說的，通路商要求的折扣很低，出版社卻沒有議價能力，無力改變現況。不過，出版社也不是沒有應對的方法，原來目前有不少的出版集團，都是出版社為了取得競爭優勢，由多個小型出版社結合組成。

另外，受數位時代的影響，全球的出版產業都處於低迷狀態，臺灣自然也不例外。面對數位時代的衝擊，出版形式需要與時並進地改變，但改變絕對不是一個簡單的事。臺灣的數位出版版權數量少、相關人才不足、缺少開發資金、營運平臺不透明，出版社必須跟電子書平臺合作。結算時，往往只能依靠銷售平臺的報表得知銷量，這些都是出版社轉型的障礙。因此，無論是發展電子書，還是創造新的銷售模式，出版人都必須具備「積極」的心態，才能成功面對數位時代的浪潮。

不過，在創新之餘，同時涉及出版行業的另一個問題，就是臺灣缺乏正統的編輯訓練。現在的出版產業，一般都是由現職的前輩，教導新的編輯，而現職的前輩教導的內容亦是他長久以來的工作的模式。一旦遇到一個守舊，拒絕跟上時代步伐的前輩。出版產業的新進同仁，要了解新的出版觀念與新的技術，得到進行創新的機會，並不容易。

四　萬卷樓的現況

老師作為萬卷樓的總編輯，上課時當然會以萬卷樓作為例子，向我們解釋產業面臨的各種狀況。出乎我意外的是，原來看似傳統的萬卷樓圖書公司，早就開始迎接數位時代的來臨，進行改革。

在數位化年代，書本供過於求，但出版社依舊一直不停地出書，把書送到書店上架。可是，書店的空間有限，無法把太多的書放出來，以至於最惡劣的情況是新書根本沒有上架，就被退回出版社了。其中，書要從出版社到書店上架的過程中，需要付出諸多的成本，如：物流費……等等，才會到達書店。出版社期望可以透過書本銷售，將花出去的成本賺回來。假如書本賣不出去，出版社的負擔可想而知。前期的付出得不到回報，後期的銷售又不盡理想。最後，賣不出去的書，只能安放在倉庫中，等候再次上架，或是期待後續有人訂購。書籍放在倉庫中，並非沒有成本。市場上有很多出版社，便是被看不見，但源源不絕的倉儲開支壓死，面臨倒閉。

萬卷樓很早就意識到這個問題，開始使用數位印刷的技術。數位印刷，又稱為按需印刷。萬卷樓很多時候都是收到訂單，才通知印刷廠印製需要印刷的書籍和數量。像是往常全班一起訂的書，原來都是直接從印刷廠送到學校，途中沒有進過萬卷樓。這樣的做法，無論是出版成本，還是倉儲成本的降低，都讓萬卷樓輕鬆不少。可以有更多的資金投入到其他出版的領域。

另外，萬卷樓的轉型除了使用數位印刷外，還有改變銷售模式。不再依賴傳統通路的經銷商，緊貼電商市場的興起，在網路平臺上開設網路書店。此後，便減少實體書店鋪貨。網路書店上有訂單，才直接把書送到客戶手上，節省運輸成本。同時，直接把書賣給消費者，可以有更多的折扣空間，可以回饋客戶，吸引更多人透過這種方式購買。

正是萬卷樓有改變的魄力，願意進行轉型，所以才能在近幾年，不論在業績，或是出版方面，成長率不斷上升。疫情期間，即使不少書店、出版社都因此倒閉。但對萬卷樓來說，造成的影響十分輕微。

五　出版企劃

文學創作到底是先有雞，還是先有蛋？是先有主題文學，還是先有出版企劃？其實兩種情況都有可能出現，區別在於目的的不同。而作為編輯，很多時候都是為了出版，才開始寫出版企劃，發想主題文學。出版企劃力就成了編輯需要的一大能力，老師在課堂中，也為我們介紹了幾種不同的企劃思維。

首先，是《藍海策略》，由韓國學者金偉燦和法國學者勒妮•莫博涅共同著作，於二〇〇五年初版。當中的藍海是指尚未被開發、沒有激烈競爭的新興市場；與之相反的是紅海，指的是早期被發掘的成熟市場，其中有大量的競爭活動，價格競爭激烈的市場。

編輯在企劃出版選題時，無可避免參考市場上大賣的書籍，企圖從中獲得靈感。但想複製別人的成功，在競爭激烈的紅海市場分一杯羹，一點都不容易。與其盯著紅海市場，倒不如開發藍海市場，創造新需求。避開大眾化的競爭，走進小眾市場，完善目前被忽略的市場服務，避免同質性產品競爭。小眾市場是由一群對少數產品有需求，但未被滿足的消費者所組成。這些產品，雖然消費者較少，但對產品的需求相較一般大眾流通的產品更高，有持續發展的潛力。

萬卷樓的出版方向，也是一個很好的例子。學術書的出版，在整個出版市場中，是冷門的區塊。因為需求者太少，所以多數出版社對這塊領域，並不感興趣。萬卷樓經由專業化的經營，將品牌意識灌輸到學術圈內的消費者中，形成學術書的品牌印象。在競爭較少的前提下，快速佔領市場，成為該領域中的佼佼者。此後，凡是提起與文史哲相關的學術書，就必定想起萬卷樓。這就是避開紅海市場競爭，開拓新藍海，所產生更多獲利機會的例子。

第二，是紫牛行銷。這個概念出自 Seth Godin 在二〇〇三年出版的《紫牛：以卓越成就改變業務》這本書。「紫牛」顧名思義，就是紫色的牛。可以想像，有一天出現一隻紫色的牛，看到的人都忍不住停下腳步去看，事後作為談資和朋友分享。意思是指一些具有話題性的產品或服務，吸引大眾分享，有意創造不自覺的話題行銷。

紫牛產品的推出，可以吸引到少數人的關注和討論。而成功的紫牛產品，則是會引發「病毒式」的訊息傳布模式，藉著大眾的談論，引發風潮，幫助紫牛產品跨出小眾市場。

不過，紫牛產品以新奇、具話題性作為賣點，注定它的銷售週期並不會太長。當話題消失，它就不再是紫牛了，所以想要持續獲利，就要把握時間不斷地創造新的紫牛。

第三，是長尾理論，這一個概念其實是來自統計學的長尾分布。無論是過去還是現在，大家都把注意力放在暢銷產品上，期待它可以創造最大的收益。但是，現在網絡興起，那些在過往冷門、不被重視、受限的產品都能透過網絡行銷的方式，在網絡書店中賣出。就算千上萬的冷門產品只賣出一、二件，它們所創造的利潤也可能高於暢銷產品，像是亞馬遜百分之四十的書本銷售，都來自於實體書店裡不賣的書本。

因此，在網路時代，新產品的開發，無須只把目光放在暢銷產品上。針對小眾需求，進行滿足的小眾產品。透過網路的曝光，在網路銷售平臺，以及快遞物流的基礎上，可以同時網羅主流與非主流的客群。只要行銷模式得宜，同樣可以創造驚人的獲利。

六　實際工作

一門產業實習課，實作的部分，當然是少不了的。編輯工作，多以校對為主。老師在課程中，亦為我們安排了不少的實作機會。

第一份作業，是楊〇先生詩集的原稿與排版稿的校對。這次的作業，是第一次接觸實際出版的校對工作。透過這個作業，也了解到該如何進行校對。像是用紅色筆在稿件上修改，並且把要修改的地方圈出來，標示在稿件空白處，不要寫在文字中，一切都要清晰，方便排版人員閱讀。此外，當我修改自己被分發的部分時，我覺得作者真是一位多變的詩人。即使作品已經交稿了，也可能會突然不滿意自己的作品，而來一個大修改。所以，編輯真的需要很有耐性，與作者保持友善的溝通，真是不容易。

第二份校對作業，老師安排了《國文天地》雜誌的校對工作給我們。《國文天地》雜誌是一本「發揚中華文化，普及文史知識，輔助國文教學」的專業文學雜誌。曾獲選臺灣影響力學術資源評選，當中的作家多是學術圈內的專家學者，有些甚至是曾經教導我們的師長。當我知道要參與《國文天地》的校對工作，無疑是戰戰兢兢，覺得自己沒有實力去為他們的作品提出意見。因此，校對時十分認真，仔細斟酌，既怕自己誤會作者的意思，錯給意見，又怕自己沒有盡責。幸好，最終的結果不算太差，很多意見都被採納，讓我意識到，有時候無須過於自卑，要多給自己信心。

另外，老師在課堂上也曾提到，出版的作者，都是資歷深厚的專家學者。但面對他們的稿子，如果他們在打字上出現錯誤，有需要修改的地方，也實屬正常。只是很多時候，小編輯們都懼於他們的學術聲望，不敢提出意見，跟老師討論。這並不是一件好的事情，畢竟仙人打鼓有時錯，能夠提出意見跟老師討論，也是編輯能力的展現。

最後，是《臺灣經學家選集》的文章校對。這次的工作比較特別，除了校對外，還有前期的整理文稿和打字體驗。

在打字體驗中，我們化身打字女工，把文稿打成文檔。一開始打字速度不算太快時，尚有精力去思考、嘗試修正錯字。但後來逐漸發現，當打字速度越來越快，距離截止期限越來越近，很多疑似錯字的地方，已經沒有心思深究。繳交作業之後，老師告訴我們，這就是他希望我們了解的地方。讓我們知道打字小姐的工作情形，才知道未來發送打字時，我們可以做出哪些要求，以及不能做出哪些要求。我想這時就突顯後續校對工作的重要性。

而我們在選擇校對的文章時，需要盡量避免校對自己曾經打過的文章，以免受之前打字經驗的影響。校對之前，老師又再次向我們灌輸更多的校對知識，如：譯名要如何處理、完整的校對流程、校對的輔助工具……等等。這時，我才發現，原來在編輯校對的工作上，我們才剛起步。如果未來想要在出版產業深耕下去，還要有很長的路要走。老師告訴我們，編輯的工作，也是一個不斷精進的工作。面對各式各樣的稿子，對編輯來說，每份稿件的編輯，都是一種學習與成長。

七　出版產業以外的更多

（一）履歷撰寫

這門實習課程，從求職的第一步，就開始照顧了。很難得有老師在課程中，教導我們如何撰寫履歷。無論應徵什麼工作，履歷表是十分重要的工具，是企業認識自己的第一印象。可是，平常少有人會有系統地教導，一般都是需要時才上網或翻書，參考別人的例子和指導。而網路上的教學參差不齊，難保有不當的地方，這時候老師的教學可以說是為我們釐清了不少的觀念。

履歷表的內容，其實不外乎是個人的基本資料、學歷、工作經驗、其他活動、榮譽/獎項/證照、特殊專長等。真正讓人困惑的是具體格式和細節。人資或老闆收到的履歷表實在是太多了，要吸引他們，讓他們把目光停留在自己的履歷表，易讀性便很重要了。所以，履歷表不能用文章式的鋪陳，一定要採用條列式表達，並進行邏輯分類，以便精準的說明內容。面對不同的企業和職位要求，可以適當調整履歷，讓履歷更加出色。

在發送履歷表前，務必要再三檢查內容，避免年份、機構名稱寫錯，以及出現錯別字。此外，要盡量讓內容對齊，不要出現資料的呈現有參差不齊的情況。因為版面的美觀，會對閱覽者是否願意繼續往下看，造成影響。而錯誤的出現，都會讓企業主認為是不專業的表現。

另外，關於履歷表是否需要放求職者的照片，老師也給了我們一些新的見解。在之前，我一直以為履歷表放照片是必須的。但老師說，除非是應徵表演類或服務類等重視個人外表的職缺，否則不建議投放照片。因為每個人對外貌的評判標準都不一樣，履歷表強調的是個人內涵的呈現。若是被外表影響，造成主觀印象不佳，則得不償失；若是因為外表的關係，而得到面試機會，有時候也未必是好事。仔細想想，確實是如此。人們很容易根據外貌而對一個人作出基本的評判，假如面試時，面試官已經對自己有刻板印象，後續要扭轉也不容易。

最後，老師提醒我們，投遞履歷後，可以主動致電關心是否有面試機會，表現對工作與職缺的積極性。面試結束後，也可以致電詢問是否有錄取的機會。即使沒有雀屏中選也可以詢問原因，了解自己是否有不足之處，或是公司的考量為何。同時表達未來有機會，仍希望到公司服務的意願。因為，面試錄取的對象，可能也錄取了其他工作；或是前來試用期間，未必合適而離開；或者公司有類似的職缺，或是還未開放的職缺考量。有時候，機會就是這樣來的。

（二）面對不適當的工作

在學期中段，有不少同學反應功課量有點難以負擔。於是，老師決定減少實體課堂時數，以及撰寫課堂心得的數量。每份功課，也提供更長的完成時間。這個改變對我們來說，減輕了不少壓力。同時，老師也藉此機會，告訴我們在職場上，懂得和上司溝通，並討論過多的工作量，看可以如何調整，是一個很重要的技能。

當然，我也認同這個說法，但我認為真正要做到，並不是一件容易的事情。我們在期中評鑑中，能暢所欲言，最主要的原因是它是匿名制的，而且大家也無須擔憂前程問題。相反，現實的職場中，除非有過硬的實力或人脈，又有誰能毫無壓力地拒絕要求，畢竟誰都怕上司因此不高興，可能會影響未來職涯的發展。所以，歸根究底在職場上生存，大家還是要有相當的實力，才能有底氣拒絕一切不合理。

（三）大公司小人物 VS 小公司大臺柱

在之前，我一直覺得從大公司出來，有大公司的背景，比起只在一些不知名的小公司待過，在職涯的發展上會更容易。我想，這也是社會大眾的迷思，彷彿踏進大企業，人生就已經成功了一半。

但課堂上老師告訴我們一個現況，不要太迷信大公司的招牌。在大公司裡，職務的分工很細密，每個人都只是一個小螺絲釘，只會自己負責的工作。除非晉升更高的職務，不然很難對工作有更全面的關照。此外，因為在大公司工作，大家欣賞的，是公司的名號，以及聲望。對於其中個人能力的表現，往往很難突出。但是在小公司裡發展，可能就不一樣。因為小公司人員少，一個人往往分飾多角，可以學習到的層面更多。此外，由於人員少，只要工作表現突出，很容易就獲得晉升，取得較高職位。有了較高的職位，接觸到其他公司的對象，位階也會比較高。未來要轉職的時候，大家看到的，是自己的表現，而不是公司的招牌，反而能在職涯發展上，擁有更好的機會。

我認為，在一家好的小公司當大臺柱，訓練自身能力的機會更多，更能獨當一面，這些都是未來轉職時，自己能展現的價值之一，也是其他公司比較注重的因素。不過，無可否認的是，大公司的制度較為完善，能提供較穩定的工作環境，不用擔心公司的經營朝不保夕。所以，選擇大公司還是小公司，始終是要看自己比較看重的條件是什麼。

八　後記

在這篇文章完稿時，我們的課程仍未完結，但不影響它的豐富程度。老師所教授的課程，除了出版產業的工作，還提供很多未來職涯發展的想法，相信即使未來沒有投身出版產業，依舊能終身受用。

可惜因為疫情的原因，實習課程一開始配合學校，採取遠距教學。實習時數，也採用任務導向的方式安排，大家不用到出版社實地實習。也失去了前往其他出版社、印刷廠參觀的機會，整體的職場代入感少了許多。即使後來開放實體上課後，老師提出可以到出版社實習的選項，因為大家的時間安排都已經固定，無法親身感受出版社的工作氛圍。真希望疫情可以快點結束，未來同學能擁有一個體驗感更好的實習機會。

回歸內容時代的出版產業

蘇俞心
國立臺灣師範大學圖文傳播學系

一 緣起

從國中開始，我就很嚮往出版行業，也一直努力往這個方向邁進。除了在就學時，會根據這個職涯方向來做決定。例如：在選擇高中時，考慮到擁有美編技能，也許未來可以加分，於是選擇高職就讀。在選擇大學時，認為最基本的學識、文字、眼界都需要培養，於是選擇普通大學就讀。在大學時選擇課程的時候也會將「培養成為編輯的必備能力」當作首要參考選項，包括選擇在相關行業實習也是因為這個嚮往。

在過往大學四年中，除了修習美編、編輯等相關課程，還參與了相關社團與活動，鍛鍊自己的實務能力。包括：參加師大青年報的記者與美編職務、師大人文電影節的社群小編、動物陣線的美宣長等，除了校園相關的事務之外，也同時從大二開始積極接案，並在大三下學期開始，在三友文化實習，希望透過以上兩者的學習，更快速從中積累經驗。

大四上學期選課時，在文學學程中看到「出版產業實務實習」這堂課，雖然課綱的內容重的讓我有所遲疑，但我還是選擇了這堂課，畢竟這是難得能與真正在出版業中打滾的業師，面對面學習的機會。

二　課程收穫：我最喜歡的課程內容

因為我在實習的過程中，對於書籍流程、校對已經有一定的認識，以及實務操作的經驗。所以在這堂課中，最吸引我的是新思維建構與出版企劃等的環節。在上完課程之後，對於課程中，有關新技術的運用、產業發展的內容，感到認同。以下，列舉我個人覺得最喜歡，且收穫較多的部分內容，作為分享。

（一）跳脫框架的思考：出版策略改變

首先，是萬卷樓在整體出版策略改變的部分。在這其中，我印象最深刻的是，老師說了「控制印刷數量」這一部分。因為，這個想法其實很簡單，也很直接。只是因為人的思想容易被模式、慣例、傳統影響，而落入窠臼。所以方法不難，但「想到」很難。要跳脫框架去思考，不將目前的一切視為理所當然，不斷找出新的方法，去進行業務模式的更新、改進，才是能在出版產業常青的關鍵。

（二）出版企劃的撰寫：新觀念的接觸

其次，企劃一直都是我想要觸碰的業務範圍。雖然已經開始在出版社實習，但因為還是實習生的緣故，所以無法接觸到企劃方面的領域。能夠藉由課程的機會，接觸到企劃實務，並自己作一份企劃書，是一個非常棒的學習機會。

由於本科會上行銷、企劃相關的內容。因此，一些企劃書的基礎，我有先備的經驗。但是老師課程中所分享的關於：藍海策略、紫牛產品、長尾理論等概念，都是我第一次接觸的新觀念。如何應用……等等，也是我持續吸收與學習的。這三項理論，是我認為課堂中，獲益非常多的內容。老師的講解，深入淺出，讓我很快就能理解，並吸收這些行銷策略的操作方式。

除了有效運用這些行銷模式之外，我仍然認為，前述擁有跳脫既有模式限制的思維跟想法，才是能否在市場中，搶占一席之地的關鍵。

市場正在轉變，是近年來所有上行銷相關課程時，最常被老師提醒的地方。現在的消費者不像以前，企業推出甚麼產品，都能夠買單。由於網際網路的興盛及方便，暢銷產品已經不是最多人的首選，只有真的打中顧客需求的商品，才會獲得使用者的青睞。顧客有百百種，商品若沒有千千萬，是沒辦法滿足顧客的。這也是目前的市場趨勢，都必須是少量庫存多樣化商品的模式。這點恰好印證了老師上課所說的「長尾理論」。

我認為目前出版社的重要課題，在現階段應該想辦法鞏固自己的目標客群，並吸引開發其他客群，成為自己的核心受眾。近年來，雖然常常有人說「看書的人越來越少了」之類的話。但事實上，每年國際書展還是有許多人參與。只是讀者開始自己選擇自己想要讀的書籍種類，而不是盲目跟著暢銷書籍走。出版市場已經從過去暢銷書人人買走，到現在小眾的需求。每個讀者有不同的需求，也會根據自己的需求，去尋找自己想要的書籍。我們觀察國際書展的安排，就可以發現，相關的活動安排，越來越小眾化。例如：前年的沙龍活動，是根據主題類型不同，開設不同的沙龍，進行談論。各個沙龍，都擁有各自的客群。我想，這是一個必然的趨勢。因此，出版社該如何找到自己的核心受眾，亦或是做出潛在客戶會喜愛的產品，我認為是目前出版社的當務之急。

（三）創作的本質：想要分享，於是創作

此外，老師在課程中，也分享了有關創作、出版之間的關係。其實，會嚮往出版這個行業，起因都是因為對文字有高度的興趣。我自己是喜歡創作、寫作的人。對於作者是為創作而出版？還是為出版而創作？這個討論我了想很久。

關於創作這件事，的確現在市面上很多迎合大眾潮流而被創作出來的書籍。比如：各式省錢妙招、教你如何輕鬆投資、培養好習慣讓生活更好……等等的書籍。但我想創作最初的本質應該是：「將內心所思與人分享。」基本上，許多暢銷書，或某一類型書籍的領頭羊，其最開始的初衷，應該也是想要「將自己知道的分享給大家」。恰巧分享的事情，能夠引起眾多人的共鳴，於是成為了暢銷書。所以，我認為這才是創作的本質：「因為想要分享，於是進行創作。」

而編輯的工作之一，便是了解創作者分享的東西到底會不會引起大眾的共鳴，又或者是創作者分享的內容，到底有沒有人在關注。接下來，才能評估是否可以出版發行該書籍，或進行相關出版的企劃。

想要了解是否能引起共鳴，市場調查、目前趨勢、課群分析等，都是編輯需要關注的。而上述這些，又與「行銷」、「商業」掛鉤。常常聽到有人說：編輯只要看看文字、校校稿就好，是個封閉且無趣的行業。但我卻不這麼認為！我覺得，一個好的編輯應該更要比一般人更關注市場、關注潮流，理解行銷、了解商業模式的運作，並且對市場有一定的靈敏度。時代正在改變，編輯也必須作出轉變，才不會被時代淘汰。

（四）議題的討論：擴大產業的了解

老師在課堂中與我們討論的議題，我認為都值得令人深思。第一次的討論，從大陸禁止進口臺灣鳳梨這件事情，延伸到臺灣圖書（繁體字圖書）市場這個議題。那是我第一次意識到，臺灣圖書（繁體字圖書）的市場，目前放眼國際，的確幾乎只有大陸跟臺灣。而我們最大的市場，確實和我們關係緊繃的大陸。在老師提出這個問題之前，我從來沒有想過這件事情。當下覺得自己的視野實在是太狹隘了。

在後來的討論中，也談論到政府制定的一系列關於出版市場的政策……等等的論題。因為課程的關係，我也因此被迫去查了很多相關的資料，也查證了多方的說法。藉由老師上課提到諸多議題，以及對出版產業的建議跟分析，都讓我對出版這塊領域，有更多的認識。

（五）實務的作業：如同當一回出版新鮮人

另外在學期間，老師派給我們的作業，都是出版實務上會遇到的工作。讓我感覺困難重重，像是申請 ISBN 的工作，雖然對某些人來說，可能很簡單。但因為是第一次操作，加上不熟悉流程，總覺得自己這樣做好像不對，那樣做，也不對。因此，每次都是懷著忐忑不安的心情，交出作業。如果說，出版產業的新人會遇到的工作心情，我想在課程中，我也體驗了一遭。

到了課程後期，因為個人的時間管理因素，還有身體因素，導致很多實習作業遲交。讓我自己感覺在這堂課程中，有虎頭蛇尾之感。面對自己這樣的狀態，有點感到失望，以及力不從心。明明這是一堂這麼優秀的課程，但我卻沒有好好把握住這個機會，實在感到扼腕。

三　課程印證：我對出版產業的觀察

作為一個關注出版行業的學生，我常常會利用課餘時間查詢相關的資料。尤其是上完課後，對於臺灣出版產業的現狀，感到好奇。於是進一步透過資料查證、數據分析，結合老師上課所說，才慢慢更了解出版產業。

（一）產業的景氣之差，規模之小

其實，只要一提到出版，第一個想到的詞彙，應該就是「夕陽產業」。出版業在傳播領域來說，是很重要的一塊領域，不過隨著科技發展，這個產業正在大幅萎縮。如何繼續生存？一直是近幾年出版業的課題，也是我一直在觀察跟了解的問題。

臺灣的實體書店，在短短數年間紛紛倒閉。跟據統計，過去九年來，臺灣的實體書店已經消失四百多家。這幾年，全臺書店的數量都是逆成長。雖然，臺北市、新北市擁有最多書店，但也是書店減少最快的地區。四年內，書店數量成長的只有五個縣市，而且都是個位數的增加。另外，獨立書店普遍集中在中北部，連鎖書店則是中南部為主力。

據大數據統計，臺灣出版產業圖書銷售額最高峰是二〇一〇年的三百六十七億元。此後，在七年內下滑到一百八十五億元。也就是說，臺灣人一整年買書的金額，只有一百八十五億元。而根據統計，一百八十五億元不過是 7-11 便利店一個月的營收，或是全家便利商店四個月的營收。可見該產業的景氣之差，以及產業規模之小。

但其實臺灣一年出的書，真的很多。在二〇一五年，出版四萬種新書。其中，在實體與網路書店販售大約有二萬餘種。會造成這個差距的原因，是因為出版的書籍中，有一些是不進行商業販售的書籍。所以，平均每五百七十九人，就有一本新書出版。出書的豐富度，僅次於英國三百二十五人。臺灣出了這麼多書，但買書的人卻很少。如果只計算十二歲以上的人口，臺灣人一年平均大概只花一千元，購買四本書。看到這些數據的時候，嚇了一跳。因為，我是一個熱愛買紙本書的人，雖然知道臺灣出版產業持續走下坡，但沒有想到現況這麼淒慘。

（二）產業發展低靡的原因

而造成臺灣出版產業低靡的原因，可以分成兩個面向來談，一類為出版端，一類為讀者端。

讀者端面向的原因，不外乎就是閱讀的習慣和書籍媒介改變。從以前公車上會有人拿著書看，現在放眼望去，都是人手一機。會在大眾運輸上看書的人，少之又少。因為科技進步，大家比起閱讀文字，更習慣閱讀圖像化的資訊。以前大家都會去圖書館看書，或租書店租書。但近年來，租書店的生意也是跌到谷底。因為很多書網路上都找得到，於是讀者端就這樣產生改變。

再來是出版端這邊，最主要的原因：首先，是書的銷售，總要透過通路，書店大量的消失，其實也就是說，書籍得以銷售的機會在大量流失。其次，由於科技變化過快，出版端還來不及熟悉新的運作模式或是新的銷售通路。還是照著以前的方式販售書籍，也就是不管哪種類型的書，只管上架就對了。忽略了新世代的閱讀客群，因為網路興起，對於學習方式、閱讀內容都越來越有自己的想法。對於書店的暢銷書排行榜，已經不太買單了。如同老師分享的長尾理論。

我認為「閱讀」是不會消失的，根據之前臺北國際書展的調查，業者覺得讀者年齡層在下降的比率（百分之十八）大過於覺得讀者年齡層在上升的比率（百分之八）。獨立出版聯盟說他們的感受更是明顯。

大塊文化發行人郝明義先生說：「每個時代都有愛讀者的年輕人，和不愛讀者的年輕人。而從臺北書展顯示的情況來看，今天許多愛讀書的年輕人，他們想要對各種不同的書了解的需求，可能是在更加大而不是減少。」我認為這是對閱讀市場的一個很好的註解。

（三）傳統出版社跟不上時代變遷

現今，許多出版社其實不善用數據分析來找到潛在閱讀受眾，或是找到屬於自己的閱讀客戶。只是一味的出版，並交給經銷商銷售。然後，又說書賣不出去。坦白說，我實習的三友文化也是如此。三友是一個非常傳統的出版社，每個月會規定最少要出幾本書，而不是將重心擺在閱讀客群想「看」哪些書。從我的觀察中，並沒有觀察到三友有在規劃出版企畫，或進行銷售方式的調整。多數的傳統出版社忽略了時代變遷下，跟著改變的客戶心態。他們無法知道現在他們面對的客戶，喜愛哪一種書，沒辦法做到「分眾」需求。當賣家無法滿足買家的需求，自然交易就無法做成，買家也會另尋他處滿足自己需求，這個他處當然就是指網路，當出版社跟不上時代變遷，被淘汰也是自然。

（四）因為跳脫了窠臼，所以成為創舉

也就是說，當紙本出版，受到數位化的衝擊，出版業當然要跟上，推出電子書。根據文化部的統計，國家圖書館電子書的借閱量，正在逐年上升。其實，在數位化大趨勢到來之前，遠流出版社就已經發現這樣的趨勢。他們是臺灣較早推出電子書的出版社，這塊領域中的佼佼者。

遠流的確是有遠見的一家出版社，他們同時推出富有趣味性的金庸機，收錄了所有金庸作品在這部閱讀器中。現在看來，可能已經是過時的產品。但就跟老師提出的減少印刷量一樣，想法很簡單，因為跳脫了窠臼，所以成為創舉，與出版社的轉機。

另外，在行銷方面，我自己認為前年的國際書展，有個值得一提的部分。悅知文化受到日本盛岡澤屋書店店員的《文庫 X》計劃所啟發，提出了覆面書的行銷方式。這種與讀者互動的行銷方式，獲得好評。除了促進買氣以外，甚至登上誠品暢銷書排行榜。雖然，有人跟我說是把賣不出去的書，換個方式銷售給讀者。但我認為能夠成功銷售，願意讓讀者買單，就是一項好的方式。

我認為悅知文化很能觀察到市場風向，比他人先一步做出行動。就像他們發現近年網路作家興起，於是替這些網路作家出版。透過這些網路作家的網路聲量，確保了一定的銷售量，也成功創造了一股網路作家的出版風潮。在行銷、企劃、挖掘市場這方面，悅知文化的總編輯，真是非常厲害。

（五）黑夜與白天：實體書和電子書

最後，想要談談實體書和電子書，並不是要談孰優孰劣的問題。因為，這本就分不出一個高下。我真正想探討的是實體書存在的必要？這也是我近幾年常常被問到，也是自己一直在反覆思考的問題。

郝明義說過：「網路閱讀是白天，紙本閱讀是黑夜。儘管白天可以藉由電燈無限延長，但人終究需要夜晚的存在。」不論我們可以從網路、電子書上得到多少訊息、知識、多媒體的閱讀樂趣。最後，還是要有一個打開書的儀式感，紙本書的閱讀，是一個「知識獲得」的精神象徵。

然而，臺灣目前並沒有真正發揮白天的力量。數位出版不夠發達，而紙本閱讀在這個時代的重要性，也沒有被真正的重視。也許，目前臺灣出版產業最重要的是怎麼讓讀者發現：打開書就是打開一個夜晚。而夜晚，是他們必須的。只要紙本書的需求，是如此深植在人性和人身中的時候。紙本書的出版，就不會是夕陽產業。他可以說是基礎工業，甚至可以說是尖端產業。

四　結語：回歸內容的時代

老師在課堂上說過，無論閱讀載體再如何改變，但人類對知識的需求依然存在。也許，這個世代，就是要給出版業一個考驗。不要再將精力花在包裝、折扣。而是要老老實實的做「好」的書給讀者。這是一個回歸內容的時代。

雖然常常被說出版業沒有前途，但我依然喜歡這個產業。

出版實習語於我

蘇品丞
國立臺灣師範大學國文學系

一　前言

從小對於書本總有印記般的偏愛與執著。在求學階段甚至有一段浪漫的想像：「若能得美書一本，一生便如此過了。」書本對於我便是如此的地位。

上了大學，雖然看書的時間不多，但書本與我卻也有千絲萬縷的關係，比如：國文學系中的文學、哲學書籍，亦或期中偷閒，偶遇在圖書館的「書籍們」，都陪伴我度過了愉快時光。

到了大四，秉著這份美好嚮往，我選擇修習了出版實習課程。原因在於，我已經坐享了閱讀這項樂事許久，是否應該嘗試為書本盡一份心力呢？持著這份想法，我選擇學習「出版實務」一窺出版業整體樣貌，另方面也尋找為這份行業貢獻的可能性。

以下將介紹課程中所習得關於：求職方法、自傳書寫、書展舉辦的新觀念，以及出版產業的樣貌、挑戰，還有企劃書撰寫，校對工作等課程主題。是用的範圍不限於出版業，在各行各業中，亦可酌採其中的新思維，並加以應用。其後附上心得，此為當時、當下所感。其中的一些反思，儘管有一些未經世事的想像，但亦期待能與讀者有所互動。

二　求職

（一）履歷

履歷是求職必備的文書之一，它正代表自己的某一角度。更具體來說，是願意給雇主看見的某一角度。對於雇主而言，履歷正如瀏覽一位人才的能力菜單，若發現有適合的便挑起，不適合便捨棄。履歷是兩者第一個照面。

雖說如此，換另一個角度而言，履歷撰寫卻也是一種生活點滴的紀實，藉由細數回憶，將會發現自己在公司中更明確的定位。平常尚未寫履歷時，可作如下準備及態度：準備上，要建立平常資料蒐羅的習慣。若覺得這個東西有幫助到自己，值得記上一筆，就可以先收起來，寫起來刪很方便。態度上，寫履歷是生涯紀錄的回顧。不要認為履歷為了要求職，他是做為自己生涯探索的重要工具。

再來談談履歷內容。內容大致包括：專長、獎項、工作經驗。學歷撰寫的原則是先寫最高學歷依序往下，用全稱不節縮。經歷如果很多的話，則最好加以分類，如：以公司來分類、搭配時間由最近至最久遠，作一系統性編排，以求方便閱讀為原則。

寫履歷的幾個核心關鍵如下：一、先是整齊美感。可以空行讓它更整齊、不一定表格化，但務求好讀有秩序，可使用隱性空格。總之要整齊好看、分類得當。二、再來不要冗詞，不超一行原則、精確大於感性。雇主觀看履歷時，並不會從頭到尾仔細翻看。感性詞彙、文采斐然的作品，雇主更不會刻意去翻覽。因此感性策略並不能帶來任何觸動人心之效果，毋寧一個四平八穩，用詞精確的說明。三、按照職缺的要求，增減履歷。你應徵什麼職缺，就應該量身訂做。

老師提出一個問題：「履歷要放圖片嗎？」老師不建議，因為可能喧賓奪主。此外，「履歷要放個人照嗎？」老師建議，看你應徵的工作職務，是否與儀表有關？若有，則可能需要；若無，可以不用。若要放，就以端莊為主，可省卻不必要的麻煩。

（二）自傳

自傳結構重點。大概要寫出下面幾個重點，而這些重點都必須與此工作有關聯。

家庭背景：出身家庭使得某特質的養成。工作經歷：某工作帶給我某特質、經驗，強調特殊表現之處。求學經過：課程外、課程內發展出的個人能力。個人特質：以工作有利為佳。工作期望：短中長期的工作規劃。

（三）面試

老師分享面試時最好不要太強調薪資，但可以柔性爭取。用正向語言，告訴雇主自己的期待薪資。雙方可以在不會尷尬的情況下，了解彼此對薪水的想法。如果通過面試，自然很好，但若未接到通知。可致電了解，一方面可以藉由聊聊，發現自己的不足；另方面可以創造讓主管回心轉意的機會；第三方面，則表達仍有意願到貴公司服務的積極性。

（四）心得

在本次上課中，有討論到以雇主為本位的思考模式。經由老師各種經驗分享，可以了解在應徵過程的一些經驗細節，如放照片問題、個人照等問題。

回顧設想自己不足之處，目前最大問題，大概在實際面試的經驗不多，所經歷過的面試，也僅在線上互動。因此，在談吐方面，或許需要著力更多，也期待這次實習會有類似機會。再者，有關美感設計相關問題，有些細節如「空格以全形為主」、「利用排版區隔分類等」。因為老師提供了自己的履歷作為參考。相關的分享，有一些對過往的審視，大致實用也很符合我的風格。

最後，對於面試後的處理方面。我一直很好奇，是否真的有人會打電話過去問人事主管？之前在別堂課上，有聽過打過去問的說法。但其實我並不以為意，但透過這次的課程，我會想正視這個做法。

三　書展新觀念

在書展舉辦這個單元中，老師運用了一連串的問題，讓同學揣想、思考書展的實際意義，並藉以延伸出額外意義。以下是幾個問答實錄：

「為何要辦書展？辦書展的意義為何？」在成本上，書架、擺書、裝潢、場地都是消耗極大的，有些甚至會有虧損的風險，請試想為何要辦書展？

這裡僅供兩個可能，供各位參考。首先是清庫存的機會，倉儲成本一直以來是各大出版社固定支出的成本之一。書展的存在一部分原因便是在此，藉此機會在這裡打折出售，得以盡量完售，減少成本。

另一方面，一種書展存在的目的，不在銷售本身，而在於拉攏出版社之間的合作關係，此謂「交流型書展」。藉由舉辦此類書展，出版業界人士可在此談版權交易、營運模式、技術推廣、相關合作等。藉由書展，他們達到了 B2B（business to business）的目的。

「只有庫存會吸引客群嗎？」不會，所以會有相關配套活動。如書展中的福袋抽獎、週邊商品等皆是吸引客群的輔助活動。

「誰會贊助交流型書展？」文化基金會、政府單位。因此，我們很常在此類書展的廣告上看見文化基金會、政府等政策廣告，原因即來於此。

「誰來舉辦書展？主辦方是誰？」由出版社所舉辦的社團舉辦。而出版社依其目的有若干不同的社團，然而他們無論在哪一個層面，皆有可能舉辦書展。以下簡單做分類。一、和出版有關：出版協會；二、和賣書有關：發行協會；三、和版權相關：版權協會；四、綜合經營者：商業公會。

以上與我們所參與過的書展息息相關，無論是在世貿舉辦的大型消費型書展，又或者辦在學校似乎人數不多的書展，其實皆有其目的。一般若沒有相關知識的話，也許我們會對交流型書展的印象停留在：「噢！蚊子館！」而不知道其實他們還有特別目的。

課堂上有關於策展的討論問題，對於展覽場地的成本並無任何概念。聽老師說完，大抵上才有一些實際上的概念。在討論書展的舉辦，實際上並不是以營利為目的之時，我對過往的疑惑才消失。「對於政府的宣傳、對於企業之間的交流」這些行為才是真正目的。

（五）

「臺灣書往東南亞銷售有什麼問題？」東南亞誠然有一群華語讀者，然而他們使用的字體為簡體字，在閱讀我們繁體字為主的圖書時會有不少認知負荷，不如大陸圖書好親近。因此他們會更歡迎大陸圖書，也是臺灣圖書賣得不好的原因。張老師有次出差至新加坡談生意，原本張老師出差目的在於推廣臺灣圖書至東南亞銷售。沒想到，最後每一位窗口，都對此興趣不高。後來得知，繁體字的問題，一直是打不開東南亞市場的原因之一。

（六）

「網路宣傳好還是不好？」成效不好，但成本低。誠然其曝光性強，容易博得受眾的版面，但網路平臺是聲光刺激最紛雜的地方，在上面打廣告往往容易被其他資訊淹沒。且若是網路平面廣告，因其呈現方式，可能廣告會是呈現在新聞、貼文之上，而在這種地方廣告，不只會淪為被點叉叉、沒人想讀的頁面，甚至讀者原本想看貼文，被公司的廣告一阻擋，其產生不愉快的心情就會依附在該公司上。因此是否要用網路宣傳，值得再商榷。

我認為，網路宣傳與傳單的角色大致類似。但網路宣傳有別於傳單的幾大優勢在於：一、成本低很多；二、觸及率可變大、且強制瀏覽。首先，在網路上架設粉專不太需要金錢，若有則大致花費在於擴張觸及率，其餘大致成本不高。再來，若是在臉書社群軟體上，臉書會有透過演算法推薦客戶喜愛產品的相關廣告，換句話說，網路宣傳可以較容易觸及到有興趣客群。最後，因為他並非傳統用人力發放的，就較少有被強迫的壓力存在，也較易被人接受。因此，若大家同意發放傳單必須要存在，那網路宣傳便是建立於此基礎上的更好的方法。

除此之外，網路宣傳的定義，若擴大來談，就可以提到非書面性的宣傳。比如：時下在影音平臺找網紅代言，工商服務就是一種非常有力的宣傳策略。若找到志趣類似的Youtuber，就等於找到一票對該領域有興趣的受眾，這不啻為一個新興有力的宣傳方法。

三　由古至今：出版產業的樣貌及挑戰

（一）出版歷史與轉折

夏商周以鐘鼎、竹簡、龜甲、刻石記事，有了文字記錄的起源。秦漢則以刻石、竹簡、布帛紀錄。東漢蔡倫造紙，始有現代紙張雛形。唐代發明雕版印刷，使書得以初步的量產。北宋畢昇改良活字版印刷，大大提升生產的效率。明代私家刻書興起，民間廠商會自己刻和科舉有關的書，印書的廠商不再限於官府。清代工業革命後，私人出版大興，且更海量的印刷。然而以上時代相比於民國，他們生產成本仍十分高昂。

一九六〇到一九九〇年代，是出版產業的黃金年代。此時出版業的經營者，堪稱「出版新貴」。大時代底下，養成一種思維：大量鋪書。他們在此時認為海量印製，放到全臺書店才算成功的行銷。當時買書風氣仍盛，也促成此思維日漸固著。也種下日後倉儲堆書的問題。

出版景氣的轉折，至網際網路的發展開始。在網路進程上：Web1.0 屬於單向溝通。Web2.0 變成交流平臺，例如：BLOG、FB、無名小站。Web3.0 代表隨時隨地都能上網，資訊太多，需要篩選才能得到目標資訊。這樣的結果，導致整個產業面臨轉型，這是世界上的趨勢！

（二）目前出版產業的內容

首先是出版活動：出版過程中，所包含的相關編輯工作。再來是印刷工作：編輯工作完成後，紙本書籍出版前的印刷工作。還有出版發行：圖書印刷出版後，所包含的相關銷售工作。最後數位出版：數位時代的新型態出版工作，以製作、出版、發行電子書為主的產業工作。

（三）圖書出版產業的現狀、瓶頸、未來

現在知識權高度分散的年代，許多作家趁勢而起，出版

書籍日趨多元，因此新書銷售周期短。連帶的缺點是流行書籍極快退燒，退書率提高。

另一方面，大多出版社仍舊以一九六〇年代的鋪書心態處理書籍，以至於銷量不如預期，大量書籍囤積於倉庫，倉儲成本問題無法解決。讓出版社營利金額日趨下降，這是出版社目前面對的瓶頸。

此外，在生產創造方面，臺灣本土作家作品日趨下降，取而代之的是國外的翻譯作品。編輯選書的方式也日趨市場化，看 Amazon 暢銷什麼，就去簽下該書的版權。這些無創造力的情況，也將促成出版社原創商品短缺的窘境，行銷方面也將死氣沉沉。

未來則面臨數位化浪潮問題，傳統出版社有人幫忙轉型嗎？有成本促成轉型嗎？用電子書販賣報表透明嗎？不解決就只有被滅頂的結果。

（四）如何面對挑戰、瓶頸？

臺灣出版產業的瓶頸如前，而解決方法如下：一、發展出口業務，開拓市場。二、發展電子書，簽電子書版權。三、海外電子書市場，只要有華人，就有機會開拓市場。四、不海量印製，使倉儲成本壓低。改以數位印刷。五、培養編輯選題能力。重要的關鍵在於要降低倉儲成本，改變鋪書舊思維。且積極接軌數位、網路市場。

四　企劃書

（一）選主題

選主題之前，我們必須釐清關於主題會有兩種情況。一種是客觀概念性主題：「讀者群認為作品是關於什麼？」及另一種主觀陳述性主題：「作者個人認為作品在表達什麼？」。雙方依照文本內容，會因為讀者個人背景、認知因素影響，所以得出來的結論往往會不同。身為編輯，便需要進入兩端的脈絡，預期作者與讀者的反應。訂定較為合適的主題。因此，編輯企畫時，要學會如何發掘主題，一方面抓出淺層主題，同時也要試圖發掘更深層的主題，再依照自己的需求訂定主題。此外，選主題可以從各種面向入手。比如用「遊」為主題，便可以做各種類型的遊。以下說明：一、用時間做脈絡。書寫可作古、今對比，探討古今時代遊玩的差異。二、正反意義的遊。古代的遊在反面意義上有流亡、流離，旅居於外而稱遊。正面也有擔任要職，鴻圖大展的經略之遊。三、依規模、意義大小來分：有頗具人生意義的壯遊，也有普通消遣的遊興。四、抽象、具象：抽象的遊可能是遊於書海、心靈之遊；具象則是實然之遊。

（二）選題思維

張老師曾經分享一段與其他總編輯的對話，他問：「出什麼書才會打中觀眾胃口？出版企畫的秘訣是什麼？」對方則說：「看你啊！你想往哪方面發展？每一種主題都會有人看。」這樣的對話。表面上，看似連回答都沒有，然而卻已經提供了最關鍵的答案。也就是若是只找流行選題作為主要出版商品，並不會是一個聰明的策略，因為跟風的結果，就是和市場共同瓜分大餅，結果就是沒有人吃得飽。因此，與其用「我要出什麼書，讀者會喜歡」來思考，不如使用「我要出甚麼主題，讓喜歡的讀者來看。」

因此，我們該用什麼思維面對新市場呢？運用藍海策略、創新模式，創造紫牛產品。

首先是藍海策略。什麼叫藍海？藍海指的是未開發之的領域；相對地，已開發場域叫做紅海。此策略認為，若在紅海處久待，競爭太大，導致獲利減少。藍海可以尋求新資源，儘管可能有風險，但潛力是無窮的。套用在出版市場，則意義為：努力開發別人未開發過的選題、開創新需求、避開時下流行選題。

再來談談創新模式。創新模式具象化了藍海策略。我們藍海在哪裡呢？創新模式就談到，他們就隱藏在「別人不敢做」、「別人忽略做」、「別人做不好」、「別人不能做」的那些主題中。比如爭議性高，或過時已久，而受人遺忘的主題等。

最後，說明紫牛產品，紫牛產品脫胎自紫牛理論。紫牛產品針對產品說明，認為一個成功的行銷，關鍵在於產品的特色與出色程度，若產品特色足以讓他在受眾中產生一個話題，那產品就成功了。

（三）心得

過往我都認為編輯似乎都是承接作者的委託，進行客製化的出書、排版等，是比較被動性的角色。但這次編輯的角色則一變，成為了選材者、彙編者的角色，兩者差異度極高。所以過往老師一直在談「為何從 Amazon 挑書，會降低編輯自選題材編書的能力。」我今天也才算有些概念。

我認為若編輯得有這個職權，那編輯不僅只是配合作者、讀者之間的橋樑，還可以獨自引導整個市場的閱讀風向。但若只從 Amazon 暢銷書行榜上選書出版，而沒有考慮過讀者的文化背景，是沒辦法獲得迴響的。只是，我仍然肯定跟著出版風潮，進行選題策劃的必要性。畢竟風潮仍有一定程度代表出版的話題與消費的趨勢。只是在跟風之餘，也不能夠忽略重新選題、企劃新題材的重要性。

五　校對

校對是出版產業當中，一大重點之一。由宏觀針對文章的格式、內容、整齊性到微觀字句的修訂、邏輯性、錯字的糾舉等，都是校對的工作。

校對在中國的歷史非常悠久。其中有提到校對分為活校及死校。死校意為一字不訛，強調不改原作，對作者負責。而活校則針對原稿本身的問題進行修正，對讀者負責。

現今社會因為科技發達的情況下，大致上都以活校為主，因為都以電子檔案為主。因此，現今校對重點多落在作品本身是否有錯誤，編輯校對需要維護的是讀者的閱讀品質。不過凡事總有例外。老師曾經遇到「書籍的文稿中有大量日本原文，但所用的字型與出版社不同。」以至於資料傳過來時，一開始就出現錯誤了。在編輯沒有留意的情況下，就進行排版，事後才發現，造成很大的困擾。這種例外狀況，在實務上，偶而也會發生。

六　結語

每次上完一堂課，都會讓我驚覺原來在實務上，出版業這一行的隱藏文化還真不少。乍看不起眼的小型書展，卻是一種出版業之間交流的重要書展；乍看合理的鋪書思維，卻是導致出版業走向衰落的原因之一。這些觀念無一不是經驗的累積與實際遇到的問題。在這堂課中，除了學習到出版有關事務。但我認為相關的概念，如果應用在各行業界中，也能夠有適用的地方。藉由這堂課，使我獲益良多。

把握核心理念堅持出版理想

蘇籥
國立臺灣師範大學國文學系

一　前言

在年關將至、期末爆炸的幾個夜晚，翻開這十幾週所做的上課記錄，一字字都是新的體驗。從開學至現在，一步步我們認識了這個有數千年歷史的產業。甚至在走進書店時，都會想翻到書的最後一頁，看看有哪些編輯，也曾像我們一樣，摸索著該如何：打字、排版、校對、寫出版企劃……等等，進行出版編輯的工作。回過神已不知不覺來到實習的尾聲，接下來的心得，是由上課筆記整理而來，與讀者們分享我們一路走來的小小感想，以及在課程中，所吸收到的各種出版知識。

二　出版產業的發展

什麼是出版？出版的定義，是將創作的作品整理，作品形式不一定是文字，繪畫、歌詞也屬之。由出版社或是特定人員、單位將其做整理，最後發行，讓讀者閱讀，進行公諸於世的行為。在過去，出版工作透過雕版印刷方式進行大量生產，斥資甚巨，因此出版工作，大多仰賴宗教力量或是官方力量才能達成。

狹義的出版，是將作品以「出版品」的方式，在市場上進行流通。流通方式，包含：販賣與贈送。另外，要有 ISBN 才能算是出版品，否則只能稱為「印刷品」。那麼廣義的出版呢？只要能公諸於眾，透過出版行為所製作出來的產品就可以算是出版品。

出版產業在一九六〇年代至一九九〇年代之間，發展迅速且蓬勃。當時，不似今日科技發達，知識載體還是以紙張為主。在這樣的情況下，印刷技術已臻成熟，帶來了出版產業的榮景。但也因為如此，整個產業的問題也開始浮現。例如：出版商便會以數量當作行銷手法，讓出版品遍佈全臺書店。只要書店裡有書能夠上架，就能夠產生客群，帶來銷售。如此，也就養成了一出書就要大量印刷的習慣。這就導致了在整個產業鏈中的「倉儲」及「運輸」的問題。

到了一九九〇年代之後，知識載體開始由紙張轉變為電腦和網路。上一次的載體改變，可以追溯至東漢蔡倫造紙之後，紙張成為知識的載體，大幅便利了知識的傳播。這一次的載體轉變，可以說是千年來書籍載體再次產生巨變。大量資料被放到網路，量多到需要系統化管理。找資料時，有時必須使用搜尋引擎來查詢。也因為載體的轉變，對書本的需求下降，出版產業面臨轉型的時刻。現今許多出版產業的老闆，由於過去的經驗，對於書籍出版發行的觀念，尚停留在一九六〇至一九九〇年代之間。但科技發展，日新月異，也就導致在近幾十年來，出版產業不斷崩壞的現狀。這種現狀，不僅止於臺灣，而是世界性的趨勢。整個展業，不得不面對新的觀念與新的技術發展。

三　出版業的新出口與省思

出版產業在面臨轉型之際，必須先發現問題所在。大致可以從銷售通路及銷售策略兩個方面來分析。

傳統銷售通路中，包含：出版社、印刷廠、倉儲、大經銷商、小經銷商、及零售市場。書籍要在此流通，還必須依賴物流的運送。這樣的傳統銷售模式，對出版社非常不利。沒有賣出的書籍，最後只能進到回收廠，內容生產者必須承擔所有成本，面對上下游通路的壓榨，不能掌握話語權，無法發揮出他們的價值。

傳統銷售通路中，最賺錢的應該是物流公司了。因為，在各個環節，運送書籍的過程中，都必須有物流公司的協助。所以，從這一方面，我們能夠簡單的結論出幾個問題：一、物流成本龐大，多層經銷會導致利潤被消耗；二、書的定價是固定的，利潤只能從定價中去分潤，造成薄利的狀況，獲利十分有限。

從銷售策略來看，大致有幾個困境：一、新書銷售週期短，退書率提高。二、傳統印刷鋪貨，大量庫存累積。三、初期投入成本高，大量庫存累積。四、倉儲、倉管費用，隱性成本高。五、成本降低有限，銷售提高困難。六、選題企劃空轉，市場上出版書籍的同質性高。

知道了問題點，那麼該如何轉型？老師舉萬卷樓圖書公司的做法為例。在初期，萬卷樓是從控制倉儲成本入手，為了控制庫存量，不讓倉儲成本無限量增加，而率先採取數位印刷的技術。此外，擺脫大量鋪書，以及委託經銷商銷售的問題。畢竟，少量印刷，沒有鋪書便不需在委託經銷商鋪貨。中期以固定印刷單價，降低成本來清楚掌握出版的獲利。不鋪書至書店，透過電商平臺銷售，正好搭上網路購物的浪潮。另外，在銷售過程中，直接面對讀者，還能推薦更多書籍。在這樣的銷售模式下，只需要負擔一次性的運輸費用。也就是直效行銷，面對的便是終端客戶。一直發展到現在，重心則是尋求海外銷售的管道，擴大出版品的市場。為了複製過去的成功經驗，老師的作法是在國外找印刷廠，透過離散式設備的安排，讓難以觸及的歐美市場，也能夠省下運輸的費用，變成可以經營的區域。但各地的印刷法規都不一樣，製作成本也不同，在量少的情況下，很難產生經濟規模，並醞釀出獲利模式。因此，後來老師改從電子書入手，透過網路的傳輸，電子書的銷售無遠弗屆。總的來說，就是從降低庫存著手，進而改變銷售模式。未來，由於電子書的發展，紙本書的需求降低，老師期待未來紙本書的出版，能夠走向完全預售的方式作為目標，不要再有庫存。

因為科技的發達，出版事業不得不隨著時代而作出經營轉型，整體出版策略必須改變。從上述可知：價格、銷售通路是最關鍵的兩點。轉型的過程中，可以先從電商平臺，如：博客來、誠品網路書店，作為銷售通路，以應對店頭市場沒落的現狀。同時，紙本書銷售減少的衰退趨勢，長期來看並不會轉好。若想在知識載體的轉變下生存，就必須去面對未來做出改變。

未來整體市場的變化，大概是連鎖書店、網路書店的增長，以及個人語意發展平臺的發展。部落格、社群網站、個人出版網站的興起，個人出版時代的來臨，多元化出版創意的實現。網際網路，讓圖書出版市場，成為無遠弗屆的藍海新市場。這樣的轉變，意味著載體已經不再只限於紙本圖書，電腦，影視、動畫、文化導覽等都是知識載體。未來出版企劃的發展，就要跳脫紙本書的窠臼，發揮新的創意，做出新時代的產品。

四　書展規劃及實際參觀情況

書展在圖書銷售環節中，也是一種行銷方式。其運作是來自一般的銷售，至於舉辦目的，以臺北國際書展為例：目的是讓讀者多認識自家的出版社，並在書展上多消費，是「銷售取向」的相關活動。書展為了要讓讀者多消費，會提出較高的折扣，雖然利潤也因此會降低，但是一個「清庫存」的絕佳時機。低價的書籍，促使消費者產生消費欲望，加上配套措施，能在短暫時間內去化部分庫存。

書展為了吸引消費者的眼球，因此，必須搭配許多配套活動。目的就是要消費者前來展長，並增加購書的機會。另外，書展也是 B to B，廠商對廠商交流的機會。讓出版產業彼此之間進行交流與媒合，創造更多的合作空間。除了國際書展這一類銷售取向的書展，另外還有不以銷售為目的的「交流型書展」。由文化基金會、政府單位資助書展費用，協助書展活動舉辦，書展活動中，部分的配套活動，則安排為單位做宣傳，如二〇二一年十月中旬，於淡水真理大學舉辦的「第十五屆金門書展：臺澎金馬巡迴展」，便是交流行書展的典型案例。

為了更理解交流型書展，當時與幾位同學實際至現場參與。選在真理大學舉行，主要是交流型書展，對象以出版單位為主，並不十分強調人流。真理大學的牛津學堂是很有歷史意義的空間，在此舉辦書展，更能符合交流的氛圍。

當日有許多出版業的重要人士出席，展品中也有許多兩岸的出版品，包括：文藝、美學、書法、攝影、繪畫等書籍。另外，還有簡體小說……等等。從書展的展品來看，不難看出，兩岸書展的重心，應是放在兩岸學術交流。現場也有不少臺灣師大國文學系教授的著作。其實就我們當天的觀察，會覺得這樣子有價值的交流型書展，實在應該要辦在更大，或是更容易到達的地點。因為對於學生而言，學術書籍是非常重要的學習資源，或許不一定會有更多的利潤，但對於知識的傳遞是很有幫助的，但有鑒於經費，以及合作默契的考量，當天的展覽，對於我們這樣有目的前來參觀的讀者來說，其實已經很有學習意義了。

不過，我們當天亦有發現書籍的排放稍顯雜亂。有些書籍的擺放，並沒有經過詳細的分類，同一本書，還可能會被放到不一樣的區塊。或許，未來交流型書展可以請在學的學生協助場佈，甚至是直接至現場擔任工作人員。不僅可以更了解書展的運作，更可以協助活動運作順利。

五　出版企劃與行銷策略

在書籍出版之前，需要經過出版企劃的環節。臺灣的出版產業並沒有完整人才培訓的機制。進入產業後，由前輩指導後輩，已成為一種傳統。因此，新進編輯的做法，基本上多不脫前輩的引導，而導致創新性不足。

在課堂中，老師介紹了藍海策略與紫牛行銷，讓我印象深刻：

（一）藍海策略

藍海策略的概念是：努力開發沒有競爭的市場，或是避開市場競爭。如：萬卷樓出版《臺灣經學家選集》，是由為數不多的學術出版社發行，具有獨創性，而少有其他同質性產品的競爭。而紫牛行銷則是以少見、突出的產品，脫穎而出。基本上，這兩種策略皆是使用「創新」的模式，做到他人不敢做、忽略做、不能做或是做不到的產品。

而以萬卷樓圖書公司為例，它的前身是《國文天地》雜誌社。創社的老師們，是一群臺師大國文學系的教授們。初衷是希望能發揚中華文化，普及文史知識，輔助國文教學。因此，出版品皆與國文教學、國文研究、中華文化相關。一般來說，市場消費者對於此類書籍的興趣不高。但因為產品具有唯一性，夾上學術出版的公司並不多。由於學術出版有一定的要求，並非其他出版社所能取代。再加上專業性圖書的消費客群清楚。所以，可以找到市場切入點，並產生獲利模式，還能避開暢銷書市場，成功應用藍海策略。

其實多數人都喜歡安定，在藍海策略中可以看到有三種角色：安定者、移動者與先驅者。市場上多是安定者，但當市場趨於飽和，先驅者便首先尋找小眾市場，當小眾市場的潛力被注意，就會有移動者開始往小眾市場靠攏。小眾市場是指既有的市場中，佔據優勢的企業所忽略的市場範疇，且未提供完善的服務。這個市場由未被滿足的消費者組成，這裡所有的產品雖然需求少，但有持續發展的潛力。經由專業化的經營，就會將品牌意識灌輸到訂消費者中，形成品牌印象。

但藍海市場不可能永遠是藍海。在資源被發掘後，肯定會造成其他競爭者的加入。這時候已經佔得的先機，已不再具有優勢，必須不斷地尋找下一個藍海。

（二）紫牛行銷

紫牛行銷指具有話題性的產品與服務。如何出現不重要，重要的是他可以創造話題，只要有了談論的話題性，就能創造產品的行銷性。也就是創造差異化的產品，形成市場區隔。

紫牛產品在設計時就加入行銷元素。但設計這樣的產品，不能只是怪，或是特異，而是要確實地去對應小眾市場的需求，符合特定消費者的胃口。

成功的紫牛產品，會引發「病毒式」的訊息傳佈模式。但是不會長久，必須不段尋求下一個紫牛產品。

六　履歷撰寫與職場面試技巧

修習這一堂實習課程時，已經邁入了大四的生涯，也就是即將面臨繼續升學還是進入社會歷練的十字路口。但不管最後選擇的是哪一條路，寫履歷都是必須具備的技能。它不只能幫助我謀求一份可溫飽的工作，還能幫我檢視在目前的生命歷程中，學到了什麼，或是還有哪些不足。

在開始寫履歷前，老師要我們先去思考兩個問題：一、當代是否有真正的「鐵飯碗」？二、職場生涯的抉擇到底是什麼？而寫履歷的目的，除了求職之外，也能夠協助進行人生規劃，思考自己是否有持續對未來做準備。同時，作為生涯的紀錄，並檢視過往的不足。

履歷基本內容，包含：基本資料、應徵職務、工作經驗、學歷及其他活動的榮譽獎項或證書。除了這些基礎內容，另外有幾個撰寫的核心關鍵：一、不要文章式鋪陳。二、不要感性描述。三、避免制式內容。老師建議我們：應該要條列式敘述，強調理性撰寫，進行客製化內容，不僅是說明做了什麼，還應加上「做得不錯」的呈現。在撰寫的同時，要注意履歷中的各項細節，尤其不能有錯字。同時，避免重複表述，例如：若是在語言能力方面，已經呈現了多益成績。在證書欄位方面，就不必重複敘述。

老師提醒我們在撰寫履歷的過程中，有些禁忌應該避免。例如：我、我們、我們應該、一起、共同……等等的呼告用語，或是拉近關係的用詞，應該避免。

自傳用以補充前述未足的內容，因條列式履歷很難有感性內容，故可以自傳補足。但要留意的是，因為雇主停在履歷上的時間不長。因此，自傳字數以三百字為優，最多不超過五百字。內容著重於家庭背景、工作經歷、求學經過、個人特質、生涯規劃，應該表現出積極性與個人期待。

若順利取得面試機會，衣著的呈現，以正式大方即可，不一定要穿西裝或是正裝。記得準時報到，面試時應答得體，別不懂裝懂，盡量維持氣氛愉悅。若未接到面試通知，或是面試之後，沒有接到錄取通知。可以再致電請教，表達未來若有機會，希望爭取到公司服務的機會。或許，多多保持聯繫，表達誠意，可以為自己爭取到工作機會。

七　心得回饋

這是第一次上與實習、出版相關的課程，一開始有點緊張，因為沒有真的接觸過「出版實務」。上課前，一直在幻想，到底會是怎麼樣的課堂。

記得在談論出版產業發展時，老師提出了一個問題：出版商算不算是「商人」。聽了幾位同學的回答，感覺他們都不太敢確定。換作老師問到我，我亦認為是個難題。出版產業的運作，依靠出版品的盈利。但我想大部分的同學都跟我一樣，想進入出版業是為了能更靠近自己喜歡的作家，或是想更深入自己所喜愛的閱讀領域，而非是「做生意」。不過進入了「產業」，現實的情況，就未必如我們想像一樣美好。

為什麼說特別有感觸，是因為我知道不只是出版產業有兩難，和「理想」有關的產業大抵都會面臨相同的問題。因為我的父母從事的是傳統音樂產業。社會上，傳統音樂產業的謀生空間太小。若想要擴大，則必須做出創新。但有時候，創新對於傳統藝術的傳承是一種傷害。另外，國內也有許多表演藝術團體，都在競爭、包裝。很多時候，業者不希望讓自己的理念變得過於商業化。但迫於生計，只能必須咬牙撐過。

我覺得出版產業的發展，也是如此。順應價值觀的洪流或是把握住核心理念，有時可以兩者皆得，有時必須忍痛捨棄一方。堅持出版理想，路走上了就不得不面對，還是要有很大的決心，才能生存下去。

在上完本學期的課之後，我的收穫非常大。除了透過詳細介紹，去認識出版產業之外，老師也給予了許多求職、就業上的建議與解說，可以說有些相見恨晚。在整個學期的課程結束後，我對整個產業的理解，已經更加透徹。對於未來發展，也能更快、更好的做出人生的規劃。

國家圖書館出版品預行編目(CIP)資料

不畏虎 ： 打虎般的編輯之旅 / 王秀羽, 王湘華, 林良, 林育瑄, 林佩萱, 林昀萱, 林玟均, 徐子晴, 張慈恩, 陳佳旻, 陳佳葳, 陳品岑, 陳宣竹, 曾韻, 黃歆喬, 楊湞任, 劉芸, 劉海琪, 劉筱晗, 蔡佳倫, 羅凱瑜, 蘇俞心, 蘇籥, 蘇品丞著 ； 曾韻, 劉芸主編. -- 初版. -- 臺北市 ： 萬卷樓圖書股份有限公司, 2022.07 面 ； 公分. -- (文化生活叢書. STAR 實習叢刊 ; 1309A01)
ISBN 978-986-478-616-9(平裝)
1.CST: 出版業 2.CST: 文集
487.707 11002754

文化生活叢書・STAR 實習叢刊 1309A01

不畏虎——打虎般的編輯之旅

總策畫 賴貴三 張晏瑞
主編 曾韻 劉芸
作者 王秀羽 王湘華 林育瑄 林良 林佩萱 林昀萱 林玟均 徐子晴 張慈恩 陳佳旻 陳佳葳 陳品岑 陳宣竹 曾韻 黃歆喬 楊湞任 劉芸 劉海琪 劉筱晗 蔡佳倫 羅凱瑜 蘇俞心 蘇品丞 蘇籥
封面設計 曾韻

發行人 林慶彰
總經理 梁錦興
總編輯 張晏瑞
編輯所 萬卷樓圖書（股）公司
發行所 萬卷樓圖書（股）公司
電話 (02)23216565
傳真 (02)23218698
地址 106 臺北市大安區羅斯福路二段 41 號 6 樓之 3
電郵 service@wanjuan.com.tw

ISBN 978-986-478-616-9
2022 年 7 月初版
定價：新臺幣 460 元

本書為國立臺灣師範大學出版實務產業實習課程成果